四季蛋糕奶油裱花

从入门到精通

[菲]瓦莱里·瓦莱里亚诺 [菲]克里斯蒂娜·王 / 著　汤嘉欣 / 译

U0186731

江苏凤凰科学技术出版社 · 南京

江苏省版权局著作权合同登记 图字：10-2021-79 号

图书在版编目（CIP）数据

四季蛋糕奶油裱花从入门到精通／（菲）瓦莱里·瓦
莱里亚诺，（菲）克里斯蒂娜·王著；汤嘉欣译 . — 南
京：江苏凤凰科学技术出版社，2022.2
ISBN 978-7-5713-2514-5

Ⅰ . ①四… Ⅱ . ①瓦…②克…③汤… Ⅲ . ①蛋糕—
造型设计 Ⅳ . ① TS213.23

中国版本图书馆 CIP 数据核字（2021）第 225163 号

四季蛋糕奶油裱花从入门到精通

著　　　者	［菲］瓦莱里·瓦莱里亚诺　［菲］克里斯蒂娜·王
译　　　者	汤嘉欣
责 任 编 辑	向晴云
责 任 校 对	仲　敏
责 任 监 制	方　晨

出 版 发 行	江苏凤凰科学技术出版社
出版社地址	南京市湖南路 1 号 A 楼，邮编：210009
出版社网址	http://www.pspress.cn
印　　　刷	天津丰富彩艺印刷有限公司

开　　　本	787 mm×1 092 mm　1/16
印　　　张	8.75
字　　　数	197 000
版　　　次	2022年2月第1版
印　　　次	2022年2月第1次印刷

标 准 书 号	ISBN 978-7-5713-2514-5
定　　　价	49.80元

图书如有印装质量问题，可随时向我社印务部调换。

前 言

　　2016年，我们撰写并出版《100款花型奶油糖霜》（100 Buttercream Flowers）时，没有想过这本书会如此成功，甚至还被翻译成10种语言出版！自我们的奶油裱花类书籍第一次出版以来，就广受读者好评，奶油裱花也由此成为一种风潮——我们认为，现在是时候掀起奶油裱花的又一轮新风潮了。

　　非常高兴能与大家分享我们的这本新书《四季蛋糕奶油裱花从入门到精通》(Buttercream Flowers for all seasons)，这本书很好地承接了《100款花型奶油糖霜》的内容，教你做出更多的花型并指导你如何将它们摆放在蛋糕上。如果你不想做多层蛋糕也没有关系，我们还为你设计了小蛋糕和纸杯蛋糕的做法。如何，我们考虑得很周到吧？

　　每个蛋糕专题都会提供很多放置裱花的设计，你可以选择合适的颜色和喜欢的元素创造出属于你自己的杰作。尽管我们都想在蛋糕上做出尽可能多的裱花，但是我们也要记得：蛋糕越小，裱花就应越少。老实说，我们并不喜欢在纸杯蛋糕上做出太多花型，因为这会让纸杯蛋糕看起来像花束一样。不过为了完成这本书，我们还是设计了几款奢华的纸杯蛋糕，它们都很美观，不过这也意味着每吃一口都会摄入很多奶油。所以，如果要做十几个纸杯蛋糕，我们可能只会做3～6个花朵裱花，剩下的就都用一种较小的花来点缀，以此来保持奶油和糖霜的平衡。当然，我们也建议你这样做。

　　我们精心挑选了春、夏、秋、冬四个季节的花朵，本书中的每个专题和每一种花我们都用尽可能简洁的语言做了充分的讲解，旨在让每个人都能够创造出自己喜欢的裱花。我们希望这本书能够鼓舞并帮助你开启你的裱花之旅。

　　所以，现在就拿起你的奶油和裱花袋吧！即便第一次裱出来的玫瑰花看起来像大白菜，你也要微笑着说："我做的大白菜多漂亮呀！"然后继续练习。

目　录

41

47

51

57

65

71

77

83

91

97

103

109

117

123

129

135

奶油基础

我们的奶油

在这里，我们将会给大家提供一种我们曾多次测试、尝试和使用过的奶油配方，这就是我们的"结壳"奶油。整个夏季，我们都在世界各地旅行并且教授蛋糕裱花，这些国家既炎热又潮湿。一趟旅程下来，我们发现这是在湿热的环境下最好的奶油配方。为了证明它的可靠性，我们还用奶油覆盖并装饰了一个蛋糕模具，并且将它放置在38～44℃阳光下直射2～3个小时。在拍摄的过程中，我们自己都快要融化了，但是这个蛋糕依然挺立着。这个配方一直是我们的最爱，主要还因为制作它的过程非常简单快速，并且耐热性极好。

我们喜欢这份配方的另一个原因是它的"结壳"特质，因为这可以让你在蛋糕表面使用很多不同的裱花技法。你可以做出平滑的蛋糕表层，你也可以先混入不同的颜色，再将蛋糕做平整，做出如大理石一般漂亮的外表。除了这些，我们还将在本书中提供更多的选择。

基础奶油配方

你需要记住的是，千万不要过度打发奶油。过度打发的奶油会出现颗粒，而且在做裱花和纹理的时候很容易软塌；过度打发时，奶油里就吸收了大量的空气，当你把奶油糊在蛋糕上时，蛋糕表面就会形成许多气孔或小洞，显得很不平整。还有，手持搅拌器通常没有立式搅拌器有力。如果你选择手动打发，一定要先把混合物充分搅拌翻折直到原料里没有空气为止，这样也可以避免过度打发奶油。

我们这个配方的优势在于即使原料过少或过多都不成问题。如果你的奶油太稠，就加点水或牛奶，如果太稀，就加点糖粉。你可以按照需要来调节，不过也要注意适可而止。你可以直接用奶油装饰或者将其涂抹在蛋糕上。如果你觉得奶油太软的话，我建议你将蛋糕置于冰箱里冻1个小时左

右，或者从冰箱里拿出来之前摸一下蛋糕表面——足够硬了即可。

你需要

◆ 225g 黄油，常温

◆ 115g中等软度的植物油（食用油），常温；或者225g可涂抹的软植物油（Crisco牌）

◆ 2-3小勺香草精，或者选择其他调味料

◆ 1大勺水或牛奶（如果你所处的地区很热或者温度很高就不需要了）

◆ 如果用中等软度的植物油，选择600g糖粉（特细精），过筛；如果用可涂抹的植物油，选择750g糖粉（特细精），过筛。

◆ 搅拌器（手持或者立式搅拌器）

◆ 搅拌碗

◆ 抹刀

◆ 筛子

◆ 量匙

具体步骤

1. 中速打发黄油，直到其变白、变软（1～2分钟）。有些牌子的黄油颜色偏黄，若要让它变白你需要多打发2～5分钟。

2. 加入植物油，再打发20～30秒或者更短时间，保证植物油被吸收，并且没有硬块。

重要提示： 一旦你在黄油中加入其他原料，一定要把打发时间控制在20～30秒甚至更短时间。

3. 加入香草精，或者你喜欢的味道，再加入水或牛奶，中速打发10～20秒至水或牛奶被完全吸收。

4. 慢慢加入筛过的糖粉（精磨），中速打发20～30秒至全部混合就停止，以免弄得厨房满是糖粉。你可以手动把原料搅拌翻折一下，注意一定要把贴碗的那一面刮下来，并且不要漏掉任何结块的糖粉。

5. 最后，刮碗之后再打发20～30秒，注意不要过度搅拌。这样，有着完美稠度的裱花奶油就完成了。

第一次做的时候，奶油中出现颗粒很正常，那是因为你没有把原料充分混合在一起，或是没有烹煮或溶解糖粉。要改善质地，你需要完全融化植物油，将其放凉之后加入黄油中，然后重复以上操作。这样做出来的奶油看起来像是凝结了，不过不要慌张！这很正常！将奶油在常温下放置1～2个小时，让糖粉慢慢融解在植物油和黄油里，然后把奶油放在冰箱里冷却几个小时直到凝固。取出后，不要用搅拌器搅拌，而是用刮刀手动将奶油进行混合，或者不停按压你的裱花袋让奶油软化。

关于植物脂肪，AKA牌酥油

这是一种从植物油中提炼出的白色固体脂肪，它一般无味或者味道很淡，在大多数的超市中都可以买到，一般都放在黄油和人造黄油旁边。植物脂肪在我们的配方中发挥着非常重要的作用，因为它可以起到稳定奶油的作用，这样你就不需要加入过多的糖粉来让奶油坚硬，还可以保持合适的甜度。植物脂肪还可以让蛋糕表面结成壳，这样奶油就不会显得太黏。

不同品牌的酥油有不同的浓度。如果酥油太硬，可以用微波炉加热其软化，然后取用115g。如果油稍软或稍硬，像食用油一样，也取用115g。如果植物脂肪很软而且非常容易抹开，像Crisco牌的酥油一样，你就需要把量加到225g。

口味

有味道的奶油会让你的蛋糕显得更特别，你可以选择可可粉、果酱、花生酱、压扁的梅子，甚至是绿茶，还有很多其他的口味。需要注意一下浓度：做奶油时加入你想要的味道，最后加一点水和糖粉来调整浓度。注意梅子制品和水果的水分含量较高，这可能会让你的奶油变得过稀。如果是这种情况，你可以通过不加水或者使用香草精来中和奶油中的水分。

覆盖

如果按照书中的份量来制作，你可以做出1000～1500g奶油，这足以用来覆盖一个直径20cm的圆形或方形蛋糕的表层和侧面部分。你可以以此为标准来考虑糖霜的用量，如果有用剩的奶油，就标上制作日期然后放到冰箱里冷藏保存。

裱花奶油小贴士

· 如果你的奶油中加入了牛奶，就只能保存2～4天，因为牛奶的保质期很短。如果你加入了水，奶油就可以保存得更久一些——5～10天。

· 如果你发现酥油没有和黄油很好的融合且能看到硬块，或者你认为奶油太硬了，那么，之后在制作之前就要先打发酥油，再把它加入其他原料中，然后重复原来的步骤。

· 如果要做大份奶油，按照你要制作的量叠加原料就可以了，不需要省略或者加入其他原料。

· 如果你发现奶油有点儿甜，要么减少糖粉，要么把60g的糖粉换成玉米淀粉。加入淀粉时也要过筛、拌匀。

· 用可以密封的罐子或者可以重复封口的袋子保存奶油，这样奶油表面就不会变干或者结壳。

· 个别情况下，你可能还需要将奶油冷冻起来。在密封罐上写好密封日期，并在30天之内用掉。如果你准备好要使用奶油了，请遵循正确的解冻步骤——先从冷冻换到冷藏，再从冷藏换到常温。

奶油的替换配方

顾名思义，简单地说，奶油就是打发的黄油和糖粉的混合物。但在基础奶油之外，其实还有一系列令人惊叹的奶油种类。我们这里将列举三种其他的奶油配方，它们都很适合做裱花，不过稳定度不尽相同。并不是所有的配方都是结壳类型，但它们都很漂亮，也很美味，我们希望你能喜欢！

意大利蛋白霜奶油配方

要想做出质地轻盈且蓬松的奶油，需要用糖和水做成糖浆，还要把蛋白打发至湿性发泡状态。把糖浆加入蛋白，并将其完全混合。蛋白霜要打发至硬性发泡状态并冷却，再加入常温下的黄油，然后搅拌至糖霜变得质地柔滑。

你需要

5～6个蛋白

375g砂糖

180ml水

550g无盐黄油，常温

200g固体植物脂肪，常温（也可以非常温，但须保证温度稳定）

2汤匙香草精

一撮盐或者塔塔粉（可选）

具体步骤

1. 在一个大炖锅里，取一半的砂糖加入水中，中火加热，搅拌直到砂糖溶化。用一个干净的毛刷蘸水来溶解锅壁的砂糖——你不会希望砂糖在锅壁烧焦的。

2. 把一个测糖浆温度的温度计放在锅边，然后继续煮沸，不要搅动，直到糖浆温度到达110℃。

3. 将剩下的砂糖加入蛋白并在搅拌器中打发——低速打发直到砂糖少量溶解，你可以加入一撮盐或者塔塔粉来维持奶油稳定。

4. 一旦蛋白开始变白并变成干性发泡状态，就把搅拌器调成高速，然后慢慢将糖浆倒至碗底部。注意不要把糖浆直接倒入搅拌器。

5. 继续打发蛋白直到混合物冷却，这时碗底应该感觉不到温热了。

6. 用刮刀拌匀，蛋白霜冷却到可以用手触碰而不黏手时，就慢慢加入常温下的黄油或植物脂肪，中速打发，然后慢慢加入香草精。

7. 当所有材料都充分混合并且变得顺滑且没有遗留黄油块时，我们就可以停止打发，或者用手动打蛋器中速搅拌，让奶油变得蓬松。

瑞士蛋白霜奶油配方

这款蛋白霜奶油跟意大利的版本有一点点不同，因为蛋白和糖都要在锅里用文火加热至可食用的温度。这样做出来的奶油也非常美味！

你需要

5个蛋白
250g砂糖
340g无油黄油，切块，放置在常温下
2汤匙香草精
1/4勺盐

具体步骤

1. 取一装有温水的双层蒸锅，开火并保持文火状态，将一个碗放在第二层蒸架上且不要接触到水。

2. 碗中加入蛋白和砂糖，温和并持续地搅拌至60℃，直到砂糖完全融化，且蛋白发烫。

3. 关火，把蛋白倒入搅拌器中打发，直到蛋白霜变得浓稠且有光泽，而且碗底基本冷却。这一过程需要7～10分钟。

4. 用刮刀拌匀，再用搅拌器低速搅拌，一次加入一块黄油，直到混合。继续打发至蛋白霜奶油出现顺滑的质地。如果蛋白霜奶油仍是凝固状态，那么就继续搅拌，直至变得顺滑。如果奶油太稀，就先放进冰箱里冷冻15分钟。接着加入香草精和盐，继续用低速打发至所有材料全部混合。

豆浆奶油

素食主义者的配方

这种奶油是把软豆浓浆的混合物炖至水分都蒸发，制作稠浆来填充和装饰蛋糕。这是一种健康的奶油替代品，也是适合素食主义者的食谱。

你需要

500g白豆（或者试试生腰果）
250g糖
1/2勺盐
5～6杯水

具体步骤：

1. 用冷水冲洗白豆并浸泡至豆子发软膨胀（需要5～6个小时），或者在冰箱里放一夜。

2. 剥掉豆子皮，沥干水分。

3. 用文火煮泡过的白豆，加入5杯水和半勺盐，大火煮开，转中火煮至豆子全软。撇掉表面的泡沫。需要的话，可以再加一点儿水，当水温达到豆子的熔点时，关火，然后冷却至常温。

4. 用一个手持搅拌棒把豆子按压成泥——这会产生非常多的水分。

5. 中火加热锅中的白豆泥，并加入所有的糖搅拌使二者混合，当豆泥温度升高且糖融化的时候，豆泥会变得松散。用木制勺子搅拌，这样可以排除气体，让豆泥重新变稠。尝一尝，并根据你的口味调整甜度。

6. 关火，让混合物完全冷却，并装入一个密封罐内。如果你将在3天内使用，冷藏即可。否则，就须冷冻起来，在使用的前一天晚上应把豆泥从冷冻室移至冷藏室。

上色

    可食用染色胶或染色膏是奶油上色的理想
材料，因为它们不会影响奶油的浓度。如果你只
有染色粉，记得要先用极少的水溶解染色粉并将其
做成浆，否则粉状颗粒没办法溶解在浓稠的奶油里。

    因为材料里使用了黄油，所以你的奶油会偏黄色，
这就很难做出非常白的颜色。比如，你可能想要制作浅粉蓝
色奶油，结果却变成了粉绿色。

    这里我们为大家提供两个小诀窍：如果你想做出更白的颜
色，就在加入其他颜色前，先用Sugarflair牌食用色膏把你的奶油
染白。或者加入一些紫色，因为紫色和黄色在色轮中是相对的（互补
色），即紫色可以中和黄色。当然，如果你要用暗色，就不需要进行以
上这些步骤了。

用染色胶或染色膏

这是混合颜色最好的方法了。但须控制染色胶或染色膏的用量，因为很容易过量使用。为了达到最好的效果，就要提前2~3个小时准备奶油以预留出颜色变化的时间，奶油在放置一会儿之后颜色变深是很正常的，在使用深色的染色胶/膏时，效果尤其明显。

1. 用一个牙签蘸一点儿浓缩染色胶或染色膏，然后直接涂抹在奶油上。切勿重复使用牙签（A）。

2. 用一个抹刀把染色膏或染色胶涂抹在奶油表面，然后把奶油拌匀至没有色块为止（B）。

3. 不断涂抹并拌匀奶油，直到奶油全部裹上颜色（C）。

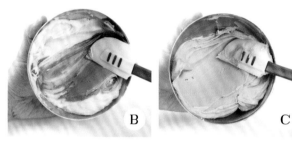

用带色奶油

建议你在碗里手动给奶油上色，因为这样更容易控制奶油的颜色。你需要在须着色的奶油中加入更多奶油，最终调成你想要的颜色。

1. 加入深色奶油，然后通过慢慢加入少量深色或无色的奶油来调色（D）。

2. 重复把颜色拌匀（E）。

3. 最终达到你理想中的颜色（F）。

如果你需要混合大量上色的奶油，你可以把深色奶油逐步加入无色奶油中，然后低速搅拌10~20秒直至颜色均匀。注意千万不要过度搅拌。

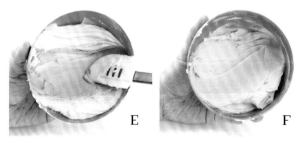

加入白色或者黑色奶油

我们有的时候会把白色的奶油加入已经上色了的奶油中（G和H），或者先使用白色奶油，之后再上色。这不仅仅是因为通过这些操作可以

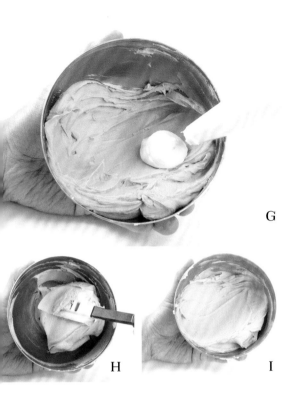

提亮整体颜色，也可以在一定程度上避免过度上色（I）。不过如果你加入了太多白色的食用色素，这样的奶油在用作裱花时，花瓣的边缘会很容易折断。

我们可以通过加入黑色奶油来中和奶油的色度。如果你所使用的食用色素颜色本身很亮，这个技巧将会非常有效。需注意的是，我们在这里建议你加入已经被染成黑色的奶油，而不是直接加入黑色的食用色素。

G

H

I

上色小贴士

如果你认为自己要用很多食用色素来染深色，那么在一开始做奶油的时候就不要加水，因为加水的奶油可能导致在上色时变得太软。

将奶油放在常温下保存可以保证其软硬度，这样的奶油更容易拌匀和上色。

奶油在放置一会儿之后颜色变深是很正常的。因此，最好提前2~3个小时做准备。

深色

深色要比浅色更难调制，如深褐色、正红色或是黑色都很难调制。试试以下建议，你或许可以调出自己想要的颜色。

褐色

在奶油中加入可可粉，你就可以调出漂亮的褐色了。加入可可粉的同时，也要记得加入一点儿水，因为加入粉状原料可能会让你的奶油变干、变硬。或者你也可以选择加入一些可可胶或者咖啡色膏。

红色

将一些深粉色、橙色和红色色膏或色胶混合。

黑色

选择任意一种深色色素作为底色，并用它来为你的奶油上色。例如，先把你的奶油变成深蓝色、深紫色或是深褐色，然后再加入黑色色膏或色胶。

装备

做裱花时，你或许用不上下面所有装备，不过若有一系列不同型号的裱花嘴，还有一些用来平整蛋糕的工具，会是一个很不错的开始。

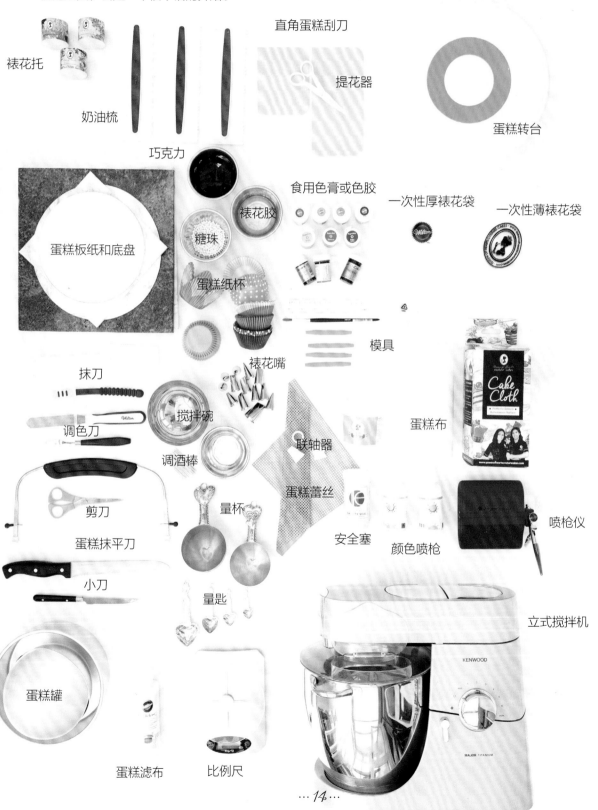

裱花托

奶油梳

巧克力

直角蛋糕刮刀

提花器

蛋糕转台

食用色膏或色胶

一次性厚裱花袋

一次性薄裱花袋

裱花胶

糖珠

蛋糕板纸和底盘

蛋糕纸杯

模具

裱花嘴

抹刀

搅拌碗

蛋糕布

调色刀

调酒棒

联轴器

蛋糕蕾丝

剪刀

量杯

安全塞

颜色喷枪

喷枪仪

蛋糕抹平刀

小刀

量匙

立式搅拌机

蛋糕罐

蛋糕滤布

比例尺

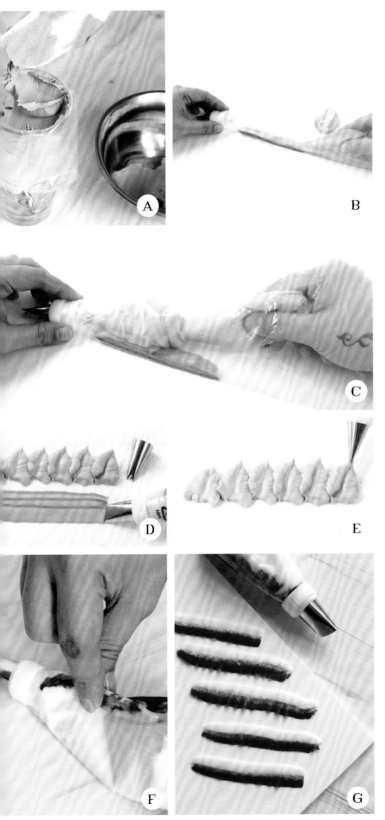

裱花

　　做裱花的关键点在于技巧，以下是我们在本书中做裱花的一些技巧。

填充裱花袋

单一颜色

　　要制作单一颜色的奶油，就用一个高玻璃杯或者一个花瓶来支撑裱花袋，然后把奶油舀入袋中（A）。

双色效果

　　将带颜色的条状奶油放到一个普通的裱花袋中，在前端剪一个小孔然后在另一个裱花袋中挤出一条直线。这条线的厚度将决定这个颜色条的宽度（B）。接着以同样的办法填充主要的颜色（C）。

　　如果你使用了一个花瓣裱花嘴，如Wilton牌101、102、103或104号裱花嘴，那做出来的裱花通常是较为狭窄的色条状（D）。

　　如果用352或366这样的叶片裱花嘴，那么沿着色条会形成一个尖（E）。

两色混合效果

　　想要做出更柔和、融合度更高的双色奶油，你需要重复直条上色的方式，不过你需要把裱花袋倾斜，让色条和主色奶油混合（F），然后挤压裱花袋，直到你做出满意的形状为止（G）。

涂抹

选择你想用的颜色作为奶油添加色，然后用调色刀（H）将已经上色的奶油不均匀地涂抹在裱花袋内侧。注意不要使用任何食用浓缩色素，因为这会让你的奶油颜色互相掺杂，而且在你食用时会发现颜色太深了。将另一个裱花袋放入原来的裱花袋中并挤入主色（I）。在本书中，这个技巧被用来做苹果和柠檬（J）。

大理石色

准备好带色奶油，把它们都放在一个碗中（K）。用抹刀轻轻搅拌（L），再把奶油舀到你的裱花袋中（M），挤压裱花袋，直到调出你想要的颜色（N）。

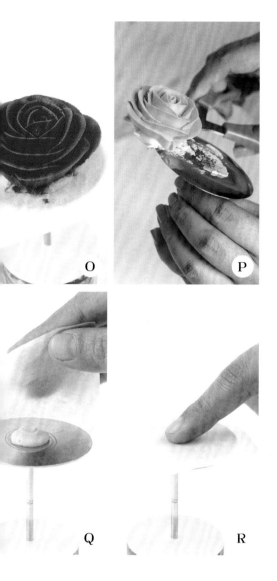

O P Q R

在花托上裱花

与直接在蛋糕上裱花相比，在花托上裱花要简单得多，因为花托更容易转动和操控。经冷冻后的裱花，更容易进行相关操作，并放置在蛋糕上。

注意不要抓住花托的顶部，因为这样转动起来会很困难。可用4个指头和大拇指捏住花托的底部，这样旋转起来就比较容易。拥有一个花托架也很重要，这样如果你要调整裱花袋或者要做其他的事情，就不用把裱花放在泡沫板上了。如果你要在花上做出一些细节，比如花芯和刺，你就可以把它放在花托架上（O）。

拿起来和冷冻

如果要把花拿起来，你可以直接把花挤在花托上，且下面不需要垫羊皮纸，用裱花剪把花"剪"下，然后把新鲜的奶油裱花直接移到蛋糕表面。如果你只是要把裱花放在蛋糕上而不需要放在边角处或侧面，以上就是最理想的操作方法。请记住：这样的裱花很软，在放置它们的时候不要太用力，要不然很容易弄碎。

如果你要冷冻裱花，请一定要先在花托上黏上一小片羊皮纸（Q）再做裱花（R），然后将花连同羊皮纸一起拿起来（S）放到一个托盘里（T）冷冻10~15分钟，直到花朵变硬，再放到你的蛋糕上。注意不要冷冻太长时间，因为过度冷冻会引起冷凝作用，这会让你的裱花在被拿出冰箱之后因为温度升高而出水。

S T

小贴士

如果你想要在蛋糕侧面放置裱花，但是又觉得它们太重，你可以把它们置于常温环境下风干一整晚，这样，裱花中的水分会被蒸发掉，从而减轻重量。在放上蛋糕之前，再把它们冷冻5~15分钟或者冷冻至奶油变硬就可以了。

裱花嘴

以下是供你练习裱花技巧、完成裱花项目的一系列裱花嘴。

Wilton牌花瓣
裱花嘴102

Wilton牌花瓣
裱花嘴103

Wilton牌花瓣
裱花嘴104

Wilton牌花瓣
裱花嘴124

Wilton牌花瓣
裱花嘴97

Wilton牌花瓣
裱花嘴116

Wilton牌花瓣
裱花嘴150

Wilton牌格子
裱花嘴47

Wilton牌菊
花裱花嘴81

Wilton牌圆形
裱花嘴5

Wilton牌圆形
裱花嘴10

Wilton牌圆形
裱花嘴12

Wilton牌星形
裱花嘴13

Wilton牌星形
裱花嘴14

Wilton牌叶形
裱花嘴74

Wilton牌叶形
裱花嘴65

Wilton牌叶形
裱花嘴352

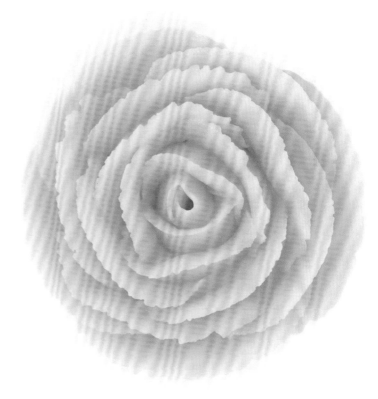

A

裱花嘴操作

在本书的各个实操例子中，裱花嘴是主要的操作工具。如今，越来越多的人开始裱花，人们从自然中汲取灵感，创造出了更薄、更卷的花瓣。蛋糕装饰工具供应公司也不断地发挥创造力，对不同的裱花嘴进行优化，因此，现在我们有很多类型的裱花嘴可以选择。然而，你可能会发现有些裱花嘴在其他国家才能够找到，但是如果没有它们你又没办法做出更可爱的花瓣，因为你所在的地方可买到的裱花嘴种类是有限的。

因为所用的奶油不同，你可能会需要特定的裱花嘴。如果你使用我们前文中所制作的浓稠的基础奶油搭配一个窄口裱花嘴，你会发现做出来的花瓣边缘很容易裂，所以你需要一个宽口裱花嘴，比如上方图片中的Wilton牌104号裱花嘴（A）。

除了这些困扰，你可能还会发现，不同牌子的裱花嘴尽管编号相同，但是形状却不同。比如，Ateco104号尖头裱花嘴比Wilton104号更细，这会导致花瓣边缘很容易被折断。

但现在不用再苦恼啦！只需要两个简单的工具就可以改造你的裱花嘴——镊子和小刀，这样你就可以用任何一种奶油配方做出你想要的花瓣了。

可将小刀的刀背插入裱花嘴的窄孔内，然后轻轻向左右扭动，把孔口撑大（B）。

想要做出薄且卷曲的近乎真实的花瓣，就要用镊子小心地捏住裱花嘴，直到做出你想要的形状（C）。

你还可以通过改变裱花嘴的开口宽度来做出不同的花瓣形状，比如轻轻地张开小裱花嘴的开口（D），轻轻张开窄口并压紧宽口（E），或是完全压紧整个裱花嘴的开口（F）。

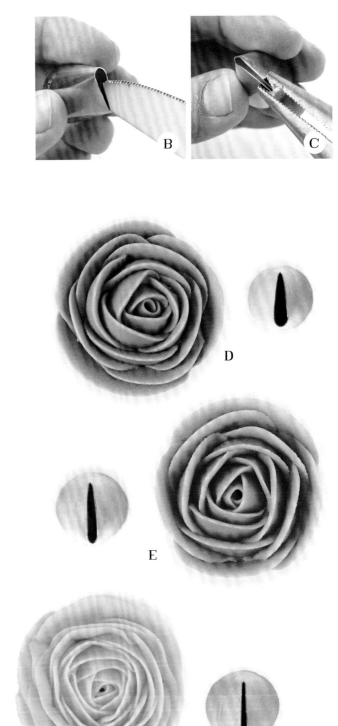

裱花

  本章节涵盖了后面章节中蛋糕装饰所需要的裱花技巧。我们按照裱花的手法将本章内容分为以下几个部分：垂直法、提拉法、两步法和挤压打点法。我们也为多肉和叶子的裱花手法添加了一个特殊的章节。在每个手法的开头我们都把花朵类型罗列出来了，这样更便于你找到想要的形状。值得注意的是，书中有两处写到了大丽花，一处用的是Wilton81号裱花嘴，另一处用的是Wilton103或Wilton104号裱花嘴，记得不要用错。还有要注意的是，把花的主体部分放上蛋糕后再添加花芯部分会显得更容易。花朵放上蛋糕后，你可以通过挤压花芯来保证花朵的稳定性而不用担心会把花压碎。

垂直裱花方法

  玫瑰是非常受欢迎的品种之一，所以我们就通过做玫瑰花来解释这种裱花手法，你也可以用这种手法做其他的花种。

  花型：玫瑰、松果、海葵、洋桔梗、毛茛、含苞牡丹、牡丹花、甘蓝、康乃馨、金盏花、大卫·奥斯汀玫瑰

玫瑰

  裱花嘴：Wilton103号，Wilton104号，Wilton124号或Wilton125号

1. 以你想要做的玫瑰大小为基准，做一个坚固的中等大小的底座（A）。

2. 用裱花嘴较宽的那一部分接触底座的顶部，然后稍稍向内倾斜，以免玫瑰的圆锥顶部一开始就做得太宽（B）。

3. 要做圆锥形的花蕾，你需要在转动花托的同时挤压裱花袋，直到花瓣两端接触并重合（C）。

4. 将裱花嘴放在你的面前，并稍稍向花蕾部分倾斜，持续挤压裱花袋，环绕花蕾垂直挤出弯曲的花瓣。轻压花蕾，这样花蕾与花瓣以及花瓣与花瓣之间就没有空隙了，这样花朵便不会坍倒（D）。

5. 重复以上步骤，保证每一片花瓣都以中间为界线并且与前一片重叠。按此做出两三片理想的花瓣（E）。

6. 做完几片花瓣后，垂直拿住裱花嘴，做4～5个稍长、稍高的垂直卷曲花瓣（F）。

7. 制作最后几片花瓣时，将裱花嘴稍微向外倾斜，注意要把花瓣做得更长而不是更高。可根据你想要的玫瑰花大小，继续做4～5片或者更多片花瓣（G）。

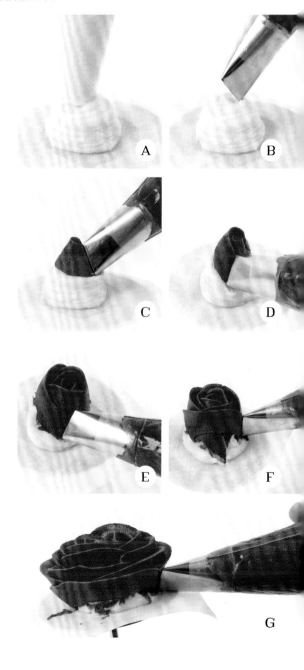

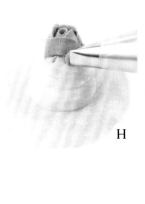

H

I

J

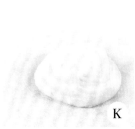

K

L

M

N

松果

裱花嘴: Wilton102号或Wilton103号

1. 重复玫瑰花制作步骤1~4，不过要保持所有花瓣垂直（H）。

2. 继续用同样大小的花瓣用来制作之后的花瓣层次，需要保证它们与前面的花瓣略有重叠（I）。

3. 沿着底座往下继续制作花瓣层次（J）。

海葵或洋桔梗

裱花嘴: Wilton103号或Wilton104号

1. 挤出一个圆形的小而平的奶油团作为底座（K）。

2. 将裱花嘴前端剪一个小孔做成锥刺形状，挤出洋桔梗的花芯（也可以将花放到蛋糕上之后再

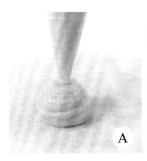

A

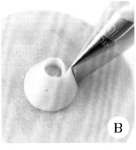

B

做这一步）（L）。

3. 不论是海葵或洋桔梗，都要从花芯位置开始垂直使用裱花嘴制作花瓣，并保证每片花瓣都和前一片有重叠（M）。

4. 如果花朵要做大一点，花瓣就应该逐渐变长、稍稍变高，并且要稍稍向外倾斜（N）。

毛茛

裱花嘴: Wilton104号，Wilton124号

或Wilton125号

1. 挤出一个小小的圆形底座放在花托中间（A）。

2. 将裱花嘴向中间倾斜，然后持续地、垂直地挤出一个环绕形花瓣（B）。

3. 重复以上步骤并做出2至4层衔接在一起的垂直花瓣（C）。

4. 做出更多层稍稍向内倾斜的花瓣。在继续添加花瓣的过程中，你还可以改变奶油的颜色。随着花朵变得越来越大，裱花嘴可以稍稍向外倾斜（D）。

含苞牡丹

裱花嘴: Wilton104号，Wilton124号，

C   D   E   F

G   H   I

Wilton125号，Wilton97L，Wilton116L

或Wilton61号

1. 和毛茛的制作方法一样，在花托中间做一个底座。如果使用Wilton97L和Wilton61号裱花嘴，需要从花的后部开始制作，再环绕到前面。

2. 重复毛茛制作方法的步骤3（E）和步骤4（F）。

3. 你还可以换用Wilton104号、Wilton124号或Wilton116L来做最后几片花瓣，以保证那些花瓣从底座一直延伸到花的顶部，注意不要在底部留空隙（G）。

盛放牡丹

    裱花嘴：Wilton104号，Wilton124号，

    Wilton125号，Wilton97L，Wilton116L

    或Wilton61号

1. 和海葵的做法一样，先做出花芯，然后做出短小、垂直的花瓣（H）。

2. 和玫瑰的做法一样，继续做出花瓣，不过在裱花时，手要有意识地上下抖动，这样可以做出一些褶皱。如果使用Wilton97L（或Wilton116L）裱花嘴，你会发现花瓣会自然形成褶皱（I）。

甘蓝

    裱花嘴：Wilton103号，Wilton104号，

    Wilton124号或Wilton125号

1. 制作甘蓝的手法跟制作玫瑰的手法一样，不过每片花瓣都要有很多褶皱（J）。

2. 通过手的上下移动，你就可以做出这种效果（K）。

3. 随着甘蓝越做越大，你也可以选择变换不同层次奶油的颜色（L）。

康乃馨或金盏花

    裱花嘴：Wilton103号，Wilton104号，

    Wilton124号或Wilton125号

J   K   L

M   N

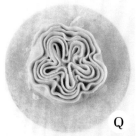

1. 和制作甘蓝的手法一样，不过这个时候花瓣需要少一些褶皱。挤裱花袋的时候，你可以轻轻上下移动。康乃馨和金盏花的花芯都是由短直花瓣组成的，都集中在中间的位置（M）。

2. 继续做出稍有褶皱的花瓣（N）。

大卫·奥斯汀玫瑰

裱花嘴：Wilton103号，Wilton104号，Wilton124号或Wilton125号

1. 如果你在裱花袋中用双色奶油来做这种玫瑰，效果会很不错（参见"奶油基础"章节）。转动裱花嘴，按照你的需要调整阴影部分的位置。想要做出花芯，你需要不间断地挤裱花袋，并用直立的环状花瓣在中间做出星星的形状（O）。

2. 连续做出3～5个同样形状的花瓣，将它们黏在一起，让它们看起来是紧密排列的（P）。

3. 再做2～3个稍矮的直立花瓣，注意尽量不要留出空隙（Q）。

4. 根据你想要的花朵大小，继续沿着中心部分做垂直的花瓣（R）。

提拉裱花方法

使用Wilton352号叶形裱花嘴不仅能做出简单的叶子，用来填充花朵之间的间隙，而且还能够做出大花瓣形状的花朵。当然，使用其他型号的裱花嘴也没问题，因为手法都是一样的——向外提拉直到出现理想的叶子或花瓣的形状，这就是提拉花瓣法。请注意，这一章节包含用Wilton牌菊花81号裱花嘴做出的大丽花，但这并不是另一种开放起来显得很大朵的大丽花。

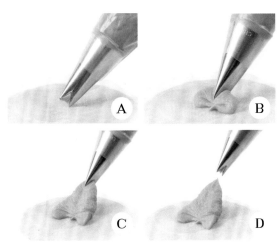

花型：向日葵、铁线莲、一品红、大丽花81号、菊花、非洲菊、郁金香

1. 以20°～30°角拿住裱花袋，裱花嘴的一端接触表面，另一端垂直向上（A）。

2. 持续挤压裱花袋，直到做出一个较宽的底座（B）。

3. 再继续挤压裱花袋，同时慢慢拖动裱花袋，快到足够的长度时再慢慢松开（C）。

4. 一旦达到所需长度，就要停止挤压裱花袋，并立即将裱花嘴移开（D）。

向日葵

裱花嘴：Wilton352号

向着中心做2～3个倾斜的花瓣。在裱花袋前端剪一个小孔，挤出小点作为花芯，也可以在将花朵放上蛋糕后再加花芯（E）。

铁线莲

裱花嘴：Wilton352号

制作出一层中等大小的花瓣，然后在中间加上小刺作为花芯，如图所示，也可以在把花朵放上蛋糕后再添加花芯（F）。

一品红

裱花嘴：Wilton352号

用力地挤压出一个两层的花瓣：第一层做5～7个花瓣（形状更大、更长），第二层做4～5个，然后在裱花袋前端剪一个中等大小的孔，挤出7个点作为花芯。也可以在将花朵放上蛋糕后再添加花芯（G）。

大丽花81号

裱花嘴：Wilton81号

1. 从一大块圆形土丘状奶油开始，创作花朵的主要形状和大小尺寸（H）。

2. 开口向上、弧度向下拿住裱花嘴，从底部开始，挤出几层平行的短花瓣。拉动花瓣的同时，需要挤压裱花袋，不过要迅速放开（I）。

3. 继续做出几层花瓣且不要留空隙，你可以用这些花瓣组成整个花朵，或者在中间留出一点空隙作为花芯（J）。

菊花

裱花嘴：Wilton81号

1. 以20°～30°角拿住裱花袋，从最外层开始，挤出比大丽花更长的花瓣（K）。

2. 在制作接下来的几层花瓣时，角度要越来越陡，继续做2～3层，然后往前一层花瓣中间部分插入更多的花瓣（L）。

3. 在裱花袋前端剪一个小孔，在花芯处做出小刺（或者在将放上蛋糕后再添加）。表层冻结后，你可以用手指轻触花瓣的边缘，让它们变得稍显平滑（M）。

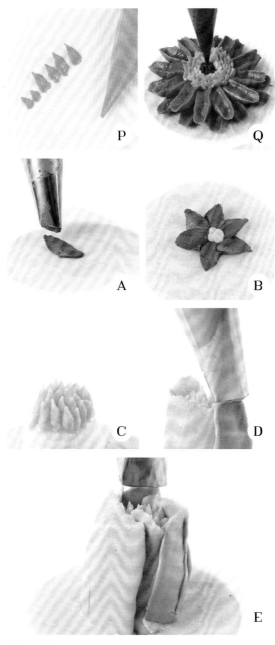

P　　Q

A　　B

C　　D

E

非洲菊

裱花嘴：Wilton81号

1. 连续做出两层长花瓣，角度控制在10°或者接近平行（N）。

2. 在裱花袋前端剪一个"V"形小孔，然后挤出一些既短又圆的小刺（O）。我们已经在白板上挤出了一些样例，你可以清楚地看到它们的形状（P）。

3. 再在另一个裱花袋前端剪一个小孔，在中间做出黄色的小刺，然后用黑色的小刺点缀中心，你也可以在把花放上蛋糕后再做花芯（Q）。

斜花瓣花

裱花嘴：Wilton101号，Wilton102号

或Wilton103号

1. 取一小号Wilton101号、Wilton102号或Wilton103号，侧握裱花袋或者把开口处对着花托表面，挤压裱花袋并慢慢拉动，拉到你想要的长度时就放开（A）。

2. 重复同样的方法，做出剩下的几片花瓣，然后再做出花芯（B）。

郁金香

裱花袋：Wilton101号，Wilton102号，

Wilton103号或Wilton104号

1. 做出一个窄且长的底座，然后用带孔的裱花袋在中间做出小刺（C）。

2. 将裱花袋直立拿着，让裱花嘴与桌面平行。垂直往上或稍向内挤压裱花袋，达到你想要的花瓣长度时就将裱花袋拿开。每片花瓣都需要和之前的一片稍微重叠（D）。

3. 重复以上步骤做出几层花瓣，并且要保证它们之间没有缝隙（E）。

简单裱花方法

这是一种简单的垂直裱花技法，可以用简单的花瓣做出各种花型。

花型：绣花球、飞燕草、大丽花102—103、木兰、小苍兰、香豌豆、茶花

1. 以20°～30°角放置裱花嘴，宽口贴住花托表面，窄口朝外。裱花嘴窄口应朝12点钟方向（F）。

2. 挤压裱花袋，但无须拖动（G）。

3. 轻轻向下或向内拖动裱花袋，这样花瓣就会有一个平滑的边缘。做出一个简单的花瓣形状之后即放开裱花袋（H）。

绣球花或飞燕草

　　裱花嘴：Wilton102号或Wilton103号

1. 将四片小的花瓣围绕一个中心连接起来，做出一朵简单的小花，并在中间做出花芯，如图所示（I）。

2. 先制作出一个大圆底座，然后在底座上用小花相互重叠，做出"花顶"。这个花型用双色的奶油（见"奶油基础"章节）效果最好。想要制作出飞燕草，首先要呈线型做出小花，底座由小簇花组成，然后在每朵花上都点上花芯（J）。

大丽花102—103

　　裱花嘴：Wilton102号或Wilton103号

1. 按照花型大小做出一个既平又圆的底座，然后做出第一层花瓣（K）。

2. 第二层要比第一层稍宽，因为最终要做出一个球的形状。在制作第二层之前，需要在底座上再添加一些奶油（L）。

3. 重复以上步骤，做出接下来的几层花瓣并使其形成一个球形（M）。

4. 顶部为花蕊和花芯留一些空间，这样你就可以在把花放上蛋糕后，再用带孔的裱花袋把花芯添加上去（N）。

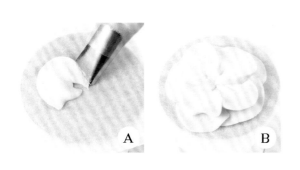

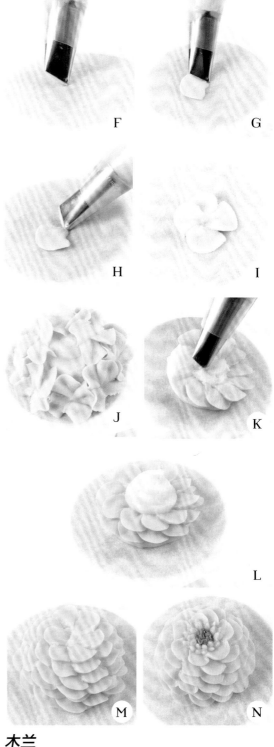

木兰

　　裱花嘴：Wilton104号，Wilton124号或Wilton125号

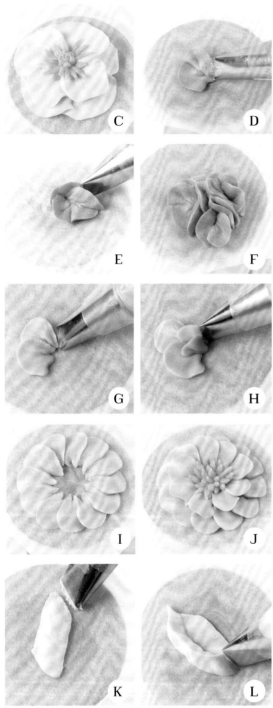

C

D

E

F

G

H

I

J

K

L

1.以20°～30°拿住裱花袋，然后一边挤压一边做出一个大的扇形花瓣（A）。

2.最初的一层做5～6片花瓣（B）。

3.第二层做4～5片花瓣，然后在中间做出花蕊，再用带孔的裱花袋做出花芯（C）。

小苍兰

裱花嘴：Wilton102号，Wilton103号或Wilton104号

1.并排挤出两个简单的花瓣（D）。

2.再在这两片花瓣上挤出1～2片或多片花瓣（E）。

3.重复以上步骤做出花簇，再在中间做出花蕊，然后用带孔的裱花袋做出芯（F）。

麝香豌豆花

裱花嘴：Wilton102号，Wilton103号或Wilton104号

1.并排挤出两片简单的花瓣（G）。

2.然后在这两瓣的基础上，再在中心挤出两个直立的花瓣（见"小苍兰"）（H）。

茶花

裱花嘴：Wilton102号，Wilton103号或Wilton104号

1.挤出一圈简易花瓣，相邻间有部分重叠，并相互紧贴着（I）。

2.重复以上步骤，继续做出1～2层花瓣，请确保后面一层在前一层圈内。然后用带孔的裱花袋做出花蕊。你也可以在把花放上蛋糕后再加花蕊(J)。

两步裱花方法

这是一种将花瓣直立挤压、首尾相连的方法，可以用来做平叶，比如石楠叶。如果第二片花瓣做得更高，也可以用来做条状花，比如马蹄莲。

花型：马蹄莲，叶子

马蹄莲

裱花嘴：Wilton104号，Wilton124号或Wilton125Wilton

1. 挤出一个平直的拉花花瓣（见"P24提拉裱花方法"章节），花瓣两端要呈尖状。这将决定你的裱花长度（K）。

2. 将裱花嘴窄口向外放置在花瓣表面，持续挤压裱花袋，做出一个直立的花瓣，与上一步做出的花瓣首尾相连（L）。

3. 在右侧重复以上步骤（M）。

4. 利用压力挤压（见"挤压裱花章节"）做出花芯，然后在末端停止挤压（N）。

叶子

裱花嘴：Wilton104号，Wilton124号或Wilton125Wilton

1. 使裱花嘴与桌面平行，朝左持续且平稳地微微抖动并挤压裱花袋，做出一侧的花瓣（O）。

2. 从右侧尖的那头开始，继续重复以上步骤（P）。

其他裱花方法

接下来介绍的花型是基于之前的花瓣制作方法的变形。

花型：山茱萸、桃花、轮峰菊

山茱萸——心型花瓣

裱花嘴：Wilton103号或Wilton104号

1. 使裱花嘴与桌面平行并向右弯曲挤出心型花瓣，然后做出另一片与之对称的花瓣（A）。

2. 在底座做出紧紧相邻的4片花瓣（B）。

3. 用带孔的裱花袋在中间做出花芯，并用浅咖啡色或者绿色的线点缀苞叶边缘（C）。

桃花

裱花嘴：Wilton103号或Wilton104号

1. 先做出简易花瓣：使用和木兰一样的技法（见"简

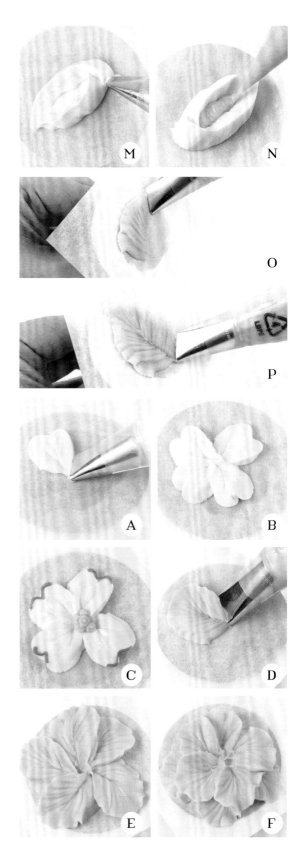

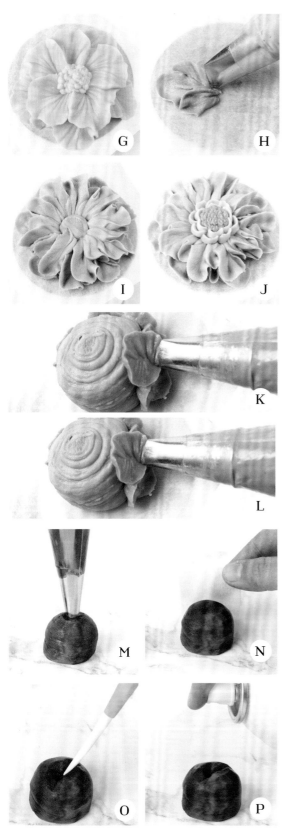

单裱花方法"章节）。做褶皱时注意要在挤压裱花袋时适当扭动方向（D）。

2.最下面一层用出5片花瓣打底（E）。

3.第二层也做5片花瓣，不过整体花瓣要比第一层略小（F）。

4.用小点点缀花芯（G）。

轮峰菊——褶皱花瓣

裱花嘴：Wilton103号或Wilton104号

和Wilton81

1.每片花瓣都需要从花瓣顶部连接到底部，每一层的花瓣要么稍长，要么稍短（H）。

2.做出第二层花瓣，然后再把花芯填满（I）。

3.花芯的制作手法和大丽花一样，不过请用Wilton81号菊花嘴做出环形花芯，然后再在正中心的位置挤出小点点缀花芯（J）。

轮峰菊豆荚——多种褶皱

裱花嘴：Wilton101s或Wilton101号

1.用奶油做一个圆形的底座，并从下面开始做一个较小的褶皱花。要做出这种小褶皱花，你可以继续用小而平的环状褶皱花瓣做出整朵花，或直接将两片褶皱花瓣相连（K）。

2.继续做这样的花，直到整个底座都被这种花覆盖（L）。

挤压裱花

这个方法并不复杂，只需要调整挤压裱花袋的力度大小就可以做出你想要的形状。轻压就可以做出点状或小花。稍加大力度就可以做出一个球形底座或一个大花瓣。想要做出不同形状的花瓣，你只需要通过挤压裱花袋和调整挤压的方向。可以通过挤压裱花袋，用奶油做出你想要的形状。比如要做树莓和黑莓，你需要先做一个底座，然后在上面覆盖一些带颜色的小点作为果实。下面是一些更大的花朵和水果的做法。

花型：满天星、树莓、黑莓、昆虫、非实物花、蓟、苹果、柠檬、橡子、棉花

苹果

裱花嘴：Wilton12号

1. 将奶油装入裱花袋时，用涂染的方法给奶油染色（见"奶油基础"章节）。垂直拿住裱花袋，让开口端对着桌面，然后挤压做出如图的形状（M）。

2. 将它放置5～10分钟至结壳，然后用一小片蛋糕布轻轻抹平表面，使其平滑。这时候你也可以利用蛋糕布来改善苹果的形状（N）。

3. 用一个尖尖的模具在顶部做出凹陷带折痕状（O）。

4. 当你将形状调整满意后，可以用颜色喷枪给苹果增添一些光泽（P）。

柠檬

裱花嘴：Wilton12号

1. 重复制作苹果的步骤1，做出一个椭圆形的底座，注意不要太宽（A）。

2. 在顶部轻轻挤压裱花袋，做出柠檬的尖头（B）。

3. 放置5～10分钟至结壳，然后用一个平圆的模具将柠檬的顶部抹平（C）。

4. 用一个常用的排笔轻压表面做出纹理（D）。

橡子

裱花嘴：Wilton8号，Wilton10号或Wilton3号

1. 在一个普通的裱花袋前端剪出一个中等大小的孔，或者用Wilton圆形裱花嘴8号或10号，做出橡子的主体部分，在顶端提起裱花袋，做出尖尖的形状。然后冷冻5～10分钟（E）。

2. 把橡子从冰箱中拿出来后翻转到另一面，然后用Wilton星形裱花嘴13号来做橡子壳，你需要持续挤压裱花袋，从橡子的中部开始做出褶皱形的旋涡状，并持续到底部，最终形成一个环形包裹的橡子壳（F）。

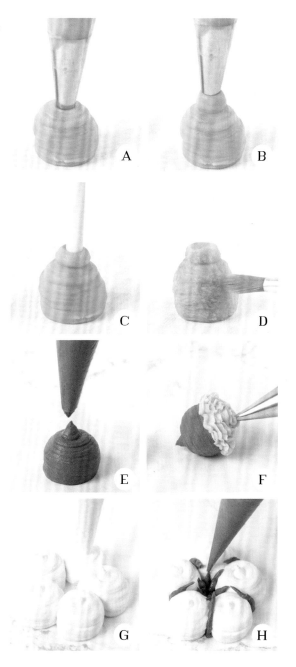

A

B

C

D

E

F

G

H

棉花

裱花嘴：Wilton10号或Wilton12号

1. 挤压裱花袋，做出4～5个中等大小且紧紧相连的"棉花球"（G）。

2. 将咖啡色的奶油装入裱花袋，用带孔的裱花袋做出细节部分（H）。

多肉

　　图1～5——采用Wilton150号裱花嘴和垂直裱花方法（见"玫瑰制作"章节）。

　　图6——采用Wilton103号裱花嘴和简单花瓣方法（见"茶花"部分）。

　　图7～10——采用Wilton352号裱花嘴和提拉花瓣方法（见"向日葵"部分）。

　　图11——采用挤压裱花方法和Wilton1M裱花嘴。用Wilton102号裱花嘴和简单花瓣方法制作花。

　　图12、13——采用提拉花瓣和叶子制作方法。用一个简单的裱花袋做出图12，再使用Wilton18号裱花嘴做出图13。

叶子

　　图14～18——用一个两步裱花方法（见"叶子"部分）和Wilton102号、Wilton103号、Wilton104号、Wilton124号裱花嘴，在叶子两端分别做出一个尖尖的和一个圆圆的形状。

　　图19——用简单裱花方法和Wilton102号、Wilton103号、Wilton104号裱花嘴。

　　图20——用提拉裱花方法和Wilton102号、Wilton103号、Wilton104号裱花嘴。

　　图21——用Wilton13号、Wilton14号、Wilton16号、Wilton18号裱花嘴和挤压裱花方法做出主要的形状，然后用带孔的裱花袋做出小点去点缀。

　　图22——做一个小底座，然后使用Wilton1号或Wilton2号裱花嘴，反复挤压裱花袋直到出现粉色。

　　图23——用Wilton65号裱花嘴做出长长的叶子。

　　图24——挤线条，然后在上面用带孔的裱花袋做出小刺。

蛋糕配方

马德拉蛋糕

这种配方可以做出一个厚实的、容易雕刻和堆叠的海绵蛋糕，当然，也很美味。以下配料的分量可以做出一个直径为20cm的圆形蛋糕。如果你要做裸胚蛋糕，就需要加上一点绿色的食用染料，用量逐渐增多，颜色从浅绿到深绿。

你需要

- ◆ 250g无盐黄油
- ◆ 250g精白砂糖
- ◆ 250g自发面粉
- ◆ 125g白面粉
- ◆ 5个整鸡蛋
- ◆ 1/8勺盐
- ◆ 2～3勺牛奶

1. 将烤箱预热160℃。在烤盘上刷油并铺上防油纸。

2. 在一个大碗内将黄油和糖打发成浅白色的松软奶油。将面粉筛在另一个碗内。

3. 把一个鸡蛋打进有面粉的碗内，搅拌到相互混合后加入一大勺面粉，最后再打一个蛋进去以防止凝固。

4. 轻轻将面粉和盐混合，加入足量的牛奶后进行搅拌，让混合物可以慢慢从勺子里滑落。

5. 转到蛋糕盘内烤1～1.5个小时。蛋糕烤好时，它会变大、轻软，如果用针插入蛋糕，拔出来的针应是干净的。

6. 取出蛋糕置于架子上，待其完全冷却。

巧克力蛋糕

这种配方做的蛋糕可以用来雕刻和堆叠。

你需要

- ◆ 250g无盐黄油
- ◆ 250g黑巧克力或牛奶巧克力（切碎）
- ◆ 8勺速溶咖啡
- ◆ 180ml水
- ◆ 150g自发面粉
- ◆ 150g白面粉
- ◆ 60g可可粉
- ◆ 1/2勺碳酸氢盐苏打（烘培苏打）
- ◆ 500g精磨白砂糖
- ◆ 5个鸡蛋，稍微打发
- ◆ 70g植物油
- ◆ 125g黄油牛奶（在一杯黄油牛奶里加入一勺柠檬汁或橘子汁或白醋，并放置5～10分钟）

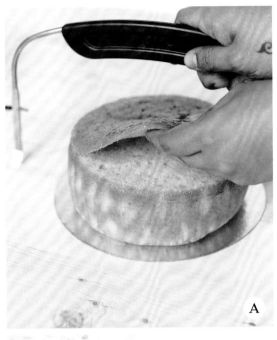

A

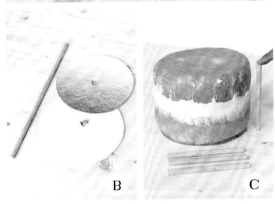

B

C

D

1. 将烤箱预热至160℃，然后在烤盘上刷油并铺上防油纸。

2. 在一个平底锅内将黄油、水和咖啡混合，加热到煮沸。关火，倒入巧克力，搅拌至完全融化，然后放置在一边。

3. 在一个大碗内筛出面粉、可可粉、糖和碳酸氢盐苏打，准备一个凹陷的模具并铺上锡纸。

4. 在大碗里倒入鸡蛋、黄油牛奶、油和步骤2中融化好的巧克力，然后用木勺搅拌至没有硬块。

5. 把步骤4中的混合物倒在准备好的锡纸上烤大约45分钟，做出一个直径为15cm的蛋糕，或者烤75分钟，做出一个直径为20cm的蛋糕。从烤箱内拿出蛋糕，用针插入蛋糕，针能干净取出就表示蛋糕做好了。

6. 将取出的蛋糕放置在锡纸上待其完全冷却，再把锡纸拿开。

堆叠与销钉

随着蛋糕越做越高，你需要加入一些东西来作为支撑，以让蛋糕坚固、不致倒塌。你可以将塑料或者木制销钉（甚至大的塑料吸管）插入蛋糕底座来承受蛋糕上层的重量，从而保证每层蛋糕都不会因相互挤压而坍塌。

经验告诉我们，堆叠三层（包括三层）海绵蛋糕是无须使用销钉的，不过一旦你需要继续增加高度，就需要使用到销钉了。

你需要

◆ 准备4个海绵蛋糕

◆ 3个1~2mm的薄蛋糕板纸（足够坚固但是也要能够切断，而不是蛋糕卡）

◆ 蛋糕鼓

◆ 蛋糕矫平机或有锯齿的刀

◆ 塑料或木头销

◆ 钢丝钳或大剪刀

◆ 铅笔或钢笔

◆ 胶水

1. 用蛋糕矫平机或锯齿刀来修整海绵蛋糕的表面，使其平整（A）。

2. 剪出比原蛋糕大5～10mm的薄纸片。如果你想要奶油更醇厚，也可以剪出稍微大一点儿的纸片。通常情况下，你可以用烤模把两片锡纸板黏在一起，银色的一面朝外，然后把销钉从中间插进去做出一个小洞，旋转销钉可以让这个洞稍大一些，以便它之后更容易插进去（B）。

3. 把最初的两块蛋糕放到第三片锡纸上，在它们中间填满奶油。测量一下，用钢丝钳或大剪刀把插销剪到与蛋糕一样高（C）。

4. 把插销放入蛋糕内，平均离蛋糕边距离4cm，向下按压插销直到它接触到纸板。根据蛋糕大小来判断所需的插销的数量（D）。

5. 在蛋糕顶部铺一层薄薄的奶油，盖住插销，然后用可食用胶水把薄纸板黏到你的蛋糕鼓上。不要用奶油或者糖霜酥皮，否则纸板会滑到一边（E）。

6. 重复步骤3和步骤4，把另外两块海绵蛋糕黏到薄纸板上，然后放到原来的两块蛋糕上（F）。

7. 测量并截取木销，使其和蛋糕的高度一样（G）。

8. 竖直地插入一个长插销至蛋糕底部（H）。

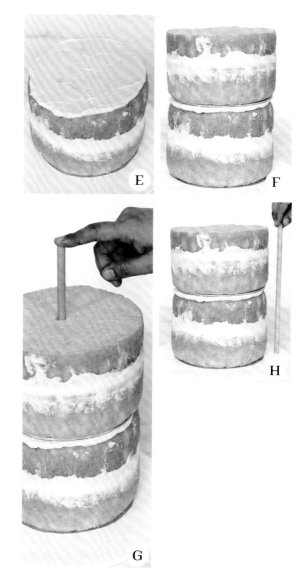

覆盖蛋糕

　　第一步，在你加入一些漂亮的装饰之前，要学会覆盖蛋糕，保证奶油黏附在上面，给裱花提供一个干净的表面。你需要碾碎涂层，然后做出一个光滑的平面。

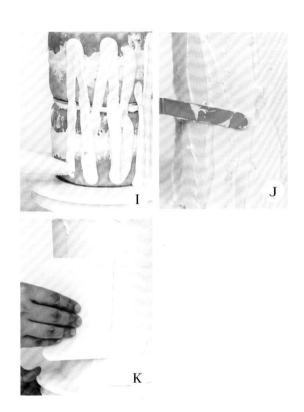

面包屑涂层

面包屑涂层意味着要先用一层薄薄的奶油乳酪来固定松散的面包屑，并用其覆盖住整个蛋糕表面。这是非常重要的一步，因为只有这样，外层的奶油才可以黏附在蛋糕上，后面加入的设计和装饰就可以更牢固地固定在蛋糕上。

1. 使用一个圆形裱花嘴，或者在裱花袋的末端剪一个洞，然后把上一步中用剩下的奶油涂在蛋糕表面。适当施力，用奶油将蛋糕包裹起来，使奶油紧紧附着在蛋糕上（I）。

2. 用抹刀把奶油涂抹到整个蛋糕上，均匀用力并抹去多余的奶油（J）。

3. 你可以利用蛋糕刮板来抹平蛋糕表面（K）。放置在冰箱中冷冻15～30分钟，直到奶油表面被冻硬。

蛋糕涂抹小贴士

◆ 如果你所在的地区没有Queen of Hearts牌蛋糕布，你可以使用一块无纺布，比如用于缝纫的衬布，这种布可以在网上或者大型杂货店买到。

◆ 不要把蛋糕放到冷藏室或冷冻室几个小时甚至隔夜保存，这会让你的蛋糕温度非常低，当你再拿出来的时候，蛋糕会因为温度突然上升而出现冷凝作用，开始"出汗"。

◆ 如果你做完了蛋糕需要放到冰箱内，请将蛋糕放在一个用保鲜膜包好的盒子内。直到你要吃或者要展示的时候，再将蛋糕从盒子中取出来。

◆ 如果你的蛋糕在放置几个小时之后已经变平滑了，但你又不小心戳到或刮到它平滑的表面，这时不要用蛋糕布去抹平，试图使蛋糕表面变平滑，因为蛋糕已经结壳很长一段时间，而蛋糕布却会让蛋糕表面起皱。不过你可以把不锈钢刮刀的刀刃部分放到热水中加热，然后轻轻将不平滑的点抹平，你会看到那个地方的颜色比较浅，这个现象是正常的，因为它没有经历奶油正常的变色过程，这时只需将蛋糕静置一段时间即可。

平滑

一旦蛋糕冷冻之后变得硬实，你就可以用最后一层奶油来包裹它了。你可以按照自己的喜好决定奶油的厚度。如果奶油是单色的，那么你需要用跟覆盖蛋糕时一样颜色的奶油。如果包裹色是多色的，最好用纯色的（或是无色的）奶油。

1. 将剩下的奶油用刮刀平整地涂抹在蛋糕表面（L）。

2. 用普通边缘蛋糕刮板去除蛋糕上多余的部分，这个时候如果蛋糕上还残留有一些细纹是很正常的（M）。

3. 让蛋糕在常温下干燥5~10分钟，轻触蛋糕表面来测试蛋糕是否结壳。只要你手上没有黏到奶油，只是略感油腻，就表示蛋糕已成形（N）。

4. 等蛋糕完全结壳，将蛋糕布放在蛋糕表面并轻轻用手指抚平所有微小凸起处，使表面变得平滑（O）。

5. 要让蛋糕变得更平滑，可以将蛋糕布放在蛋糕表面，然后用刮刀上下刮平（P）。

6. 用小刀、刮刀或者一个带角度的抹刀，去除蛋糕边缘多余的奶油。让蛋糕再结壳一次，然后再用蛋糕布抚平（Q）。

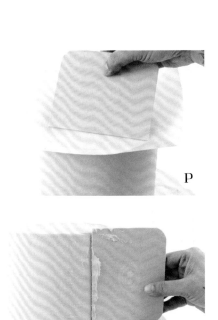

P

M

O

Q

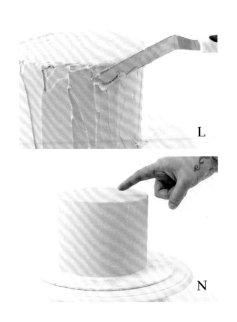

L

N

春

紫色春之旋

紫罗兰色、浅紫色和粉色的花朵像温柔的瀑布一样旋转着，将这款蛋糕包裹起来。园丁最喜欢的甜豌豆，还有有着两种色调的紫色铁线莲，都可以直接涂到蛋糕的表面。要制作这一款蛋糕，你需要制作出将要环绕在蛋糕表面的深色海葵。

你需要

蛋糕

- 顶层：直径10cm、高7.5cm的圆形蛋糕
- 中层：直径15cm、高15cm的圆形蛋糕
- 底层：直径20cm、高15cm的圆形蛋糕

奶油

- 800g～1000g白色奶油（糖的纯白色）
- 400g浅紫色奶油（纯葡萄紫＋深紫红色）
- 400g深紫色奶油（纯葡萄紫）
- 50g黑色奶油（纯黑）
- 400g浅紫和深紫色双色奶油（纯深紫罗兰色）
- 50g浅焦糖色奶油（纯焦糖色）
- 300g苍紫罗兰色奶油（纯葡萄紫＋一点蓝色）
- 300g浅粉色奶油（纯紫红色）

- 400g极浅的绿色奶油（醋栗色）
- 500～600g纯白的奶油做基底

工具

- Wilton 103号裱花嘴
- Wilton 102号裱花嘴
- Wilton 352号裱花嘴
- 裱花袋
- 羊皮纸／油纸
- 烤盘
- 蛋糕刮刀
- 牙签（鸡尾酒牙签）

具体步骤

1.将蛋糕堆叠起来，并用白色奶
油将其覆盖（见"蛋糕基础"
章节）。提前用深紫色和浅紫
色奶油在羊皮纸或油纸上做出
海葵（见"裱花"章节）。这
时不要裱出海葵的花芯，在蛋
糕上裱出一条白色细线作为你
即将裱花的旋转路径。

2.从每一层的下半部分开始一直
向上挤出少量的奶油，以此作
为海葵花的底座。

3.使用Wilton103号裱花嘴将浅
粉色和苍紫罗兰色奶油点缀在
圆点上，直接在蛋糕上裱出麝
香碗豆花（见"裱花"章节），
留出叶片的位置。

4.将几个海葵黏到底座上，按住
花芯部位进行固定。你也可以
使用一根牙签（鸡尾酒牙签）
来固定花朵。

5.使用Wilton352号裱花嘴，用
极浅的绿色奶油做出一些叶片
（见"裱花"章节），然后做
出扁平的铁线莲底座。也可以
提前做出一个圆圈来标记出铁
线莲花瓣的位置。

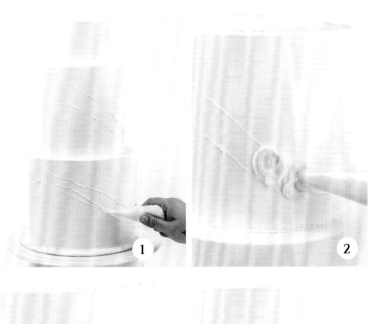

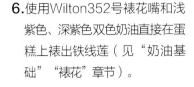

6

6. 使用Wilton352号裱花嘴和浅紫色、深紫色双色奶油直接在蛋糕上裱出铁线莲（见"奶油基础""裱花"章节）。

7. 沿着第1步裱出的白色细线重复以上步骤。首先裱出一个细长的底座，然后再做出更多的麝香碗豆花和更多的叶片。

8. 注意要先黏贴海葵花，这样铁线莲的花瓣就可以跟海葵花重叠在一起。

9. 在蛋糕顶部结束旋转的"花朵瀑布"。

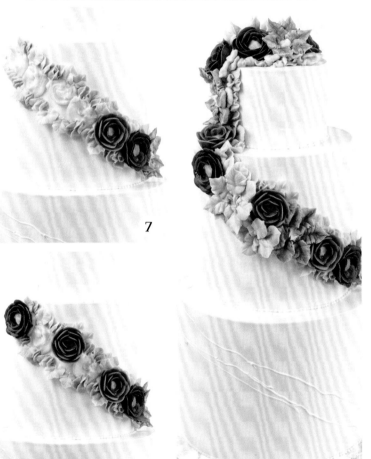

7

8

9

小贴士

　　调色的时候可以在紫色中加入一些粉色或者在粉色中加入紫色，这样可以调制出更好看的色调。

　　最好从下往上做裱花，这样就可以使用下面的花朵来支撑上面的花朵。

10. 用前端带孔的裱花袋和黑色奶油做出每一朵海葵的花芯。

11. 用前端带孔的裱花袋和白色奶油做出每一朵铁线莲的花芯。

小贴士

如果你没有无缝裱花袋，也可以使用Wilton2号或Wilton3号裱花嘴。

紫色春之旋单层蛋糕和纸杯蛋糕

　　由图片中的单层蛋糕可见，这个简易版的春之旋一点儿也不逊色于多层版的春之旋。这款蛋糕的"瀑布"部分采用同款花朵叠加，不过这条瀑布明显要比之前的短，所以可以少做一些裱花——即使你的时间有限，也可以做出完美的春之旋蛋糕。

　　纸杯蛋糕可以展示1～2朵花。将1朵铁线莲和1朵深色的海葵或者一簇海葵组合在一起，将甜豌豆和浅绿色叶片中间用奶油填满，并使用纯色的纸杯，这样更能突出显示花朵的华丽。

盛放

春天充满了生机，每一根嫩枝和嫩芽都复活了，这些元素都被这款蛋糕完美地囊括了。锦簇的花团将蛋糕完全覆盖，中间穿插着鲜绿的叶片。这会是春季婚礼上最夺人眼球的作品。

你需要

蛋糕

◆ 顶层：直径10cm、高7.5cm的圆形蛋糕

◆ 中层：直径15cm、高15cm的圆形蛋糕

◆ 底层：直径20cm、高15cm的圆形蛋糕

奶油

◆ 500g浅粉色奶油（纯紫红色）

◆ 1000g浅桃红色奶油（纯桃红）

◆ 500g浅紫色奶油（纯葡萄紫）

◆ 600～800g浅绿色奶油（纯醋栗色）

◆ 300g苍绿色奶油（纯云杉绿）

◆ 50g浅焦糖色奶油（纯焦糖）

◆ 400～500g浅黄色奶油（柠檬黄＋一点秋天的叶片色）

◆ 500～600g纯白奶油用来制作嫩芽和固定面包屑

工具

◆ Wilton 103号裱花嘴

◆ Wilton 102号裱花嘴

◆ Wilton 102号菊花裱花嘴

◆ Wilton 74号叶片裱花嘴

◆ Wilton 352号叶片裱花嘴

◆ 裱花袋

◆ 羊皮纸／油纸

◆ 烤盘

具体步骤

1. 先做出山茶花和菊花：用浅粉色奶油做出山茶花，浅桃红色奶油做桃色褶皱花，浅紫色奶油做菊花。然后放在一边（见"裱花"章节）。

2. 将面包屑涂在蛋糕上（见"蛋糕基础"章节），然后用纯色奶油在将要裱花的地方铺一层奶油乳酪，做出底座。

3. 使用Wilton74号裱花嘴和浅绿色奶油，将裱花袋绕底座前后扭动挤压，做出带有褶皱的叶片，注意也要给浅黄色的花朵留一些位置。

4. 用Wilton102号裱花嘴和黄色奶油在底座上做出一些由提拉的长花瓣组成的花朵（见"裱花"章节）。

5. 将所有做好的花朵摆放到奶油底座上。注意底座的奶油要确保新鲜，这样花朵才能够恰到好处地放置上去。

6. 用浅黄色奶油做出菊花的花芯，浅黄色做出山茶花的花芯，浅焦糖色奶油做出黄色花的花芯。这些花芯都可以使用前端带孔的裱花袋来制作。

7. 用Wilton352号叶片裱花嘴和苍绿色奶油做出拉长的叶片，把花朵之间的缝隙填满（见"裱花"章节）。

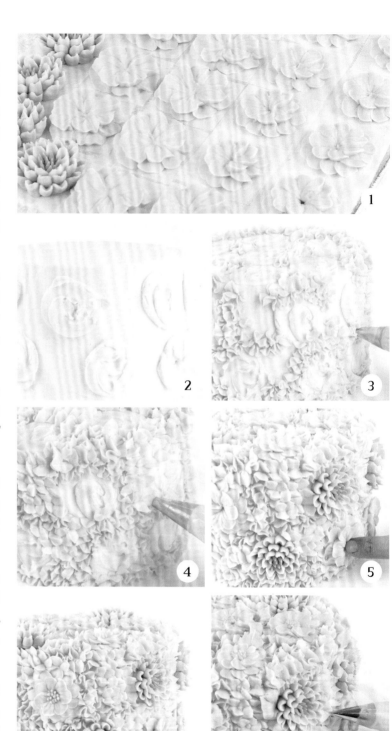

盛放单层蛋糕和纸杯蛋糕

当花朵都被设计摆放在同一个小蛋糕上的时候，花朵排布就会显得非常密集！可以用花朵和褶皱叶片铺满蛋糕的表面，以制作出花朵盛放的效果。使用简单的蛋糕座或者蛋糕盘可以突出展现这款蛋糕。纸杯蛋糕也可以做出花团锦簇的样子。

春季花环

一个漂亮的浅色花环装点着这个带着大理石纹理的蛋糕。你需要一个弧形的抹刀来做出纹理效果，这种做法比较简单，也能让花朵布置看起来更美观。首先要裱出主要的花朵，然后用提花器将花朵拿起来直接放置到蛋糕上。

你需要

蛋糕

◆ 顶层：15cm×15cm、高12.5cm的方形蛋糕

◆ 底层：20cm×20cm、高15cm的方形蛋糕

奶油

◆ 800～1000g的浅焦糖色奶油（纯色焦糖）

◆ 100g的深焦糖色奶油（纯色焦糖）

◆ 100g浅绿色奶油（醋栗色）

◆ 600g深桃红色奶油（纯桃色）

◆ 400g浅粉色奶油（复古粉＋一点紫红色）

◆ 50g黄色奶油（秋叶黄）

◆ 200g白色奶油（超白色）

◆ 50g咖啡色奶油（深咖啡色）

◆ 400g超浅绿色奶油（醋栗色＋一点苦柠檬水）

◆ 400g深绿色奶油（云杉绿）

◆ 100g苍绿色奶油（醋栗色）

◆ 100g浅粉色奶油（复古粉）

◆ 500～600g纯色奶油做底座

工具

◆ Wilton 104号裱花嘴

◆ Wilton 103号裱花嘴

◆ Wilton 102号菊花裱花嘴

◆ Wilton 97号叶片裱花嘴

◆ Wilton 352号叶片裱花嘴

◆ Wilton 65s号叶片裱花嘴

◆ 弯曲的调色刀

◆ 裱花袋

◆ 羊皮纸／油纸

◆ 烤盘

◆ 剪刀

具体步骤

1. 首先裱出毛茛、盛开的牡丹和山茱萸：用超浅绿色奶油做出毛茛（花芯部分），浅桃红色奶油制作里面的花瓣、深桃红色奶油制作外围的花瓣，用浅粉色奶油制作盛开的牡丹，白色奶油制作山茱萸（见 "裱花"章节）。先把牡丹放上蛋糕后再做花芯会更容易些。做好后，先放在一边。

2. 在蛋糕表层铺满面包屑并堆叠蛋糕（见"蛋糕基础"章节），然后在蛋糕表层铺上浅焦糖色奶油，用弯曲的抹刀抹平。

3. 用带孔的裱花袋和一些深焦糖色、浅绿色奶油来做出一些奶油小点，并均匀放置在蛋糕表面。

4. 用一个弧形的抹刀，上下移动把这些奶油点抹匀，做出混合的效果。

5. 用染色的奶油和带孔的裱花袋裱出花环的"路径"。

小贴士

　　如果奶油变硬且很难铺开，可以用抹刀蘸一点水，不过这样操作之前记得要将抹刀擦干。

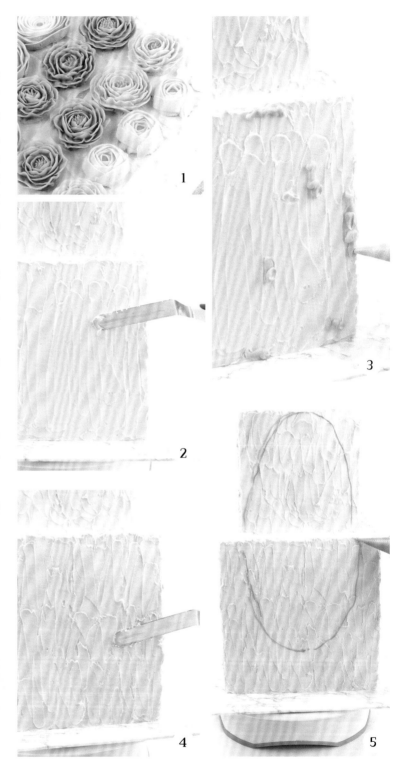

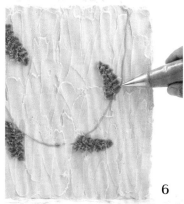
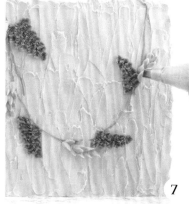

6. 用Wilton65s号裱花嘴和深绿色奶油制作一些蕨类植物（见"裱花"章节）。

7. 用Wilton102号裱花嘴和超浅绿色奶油裱出更多提拉叶片（见"裱花"章节）。

8. 然后，在蛋糕层间的突出部分以及其他容易装饰的部分，放置提前做好的毛茛和盛开的牡丹。先选择较重的花朵放在蛋糕的平面上，然后在其他想要放置花朵的地方涂抹一些白奶油。

9. 将毛茛和盛开的牡丹放到底座上，选择较小的花朵放置在垂直的蛋糕表面，这样便不容易滑落。

6

7

8

9

小贴士

你可以选择其他形状的叶片来为你的设计增添一些多样性（见"裱花"章节，叶片部分），也可以参考网上的花环照片来获取一些灵感，注意要先裱出叶片再添加花朵。

10. 裱出小的底座，然后放上做好的山茱萸。

11. 用前端带孔的裱花嘴在牡丹上做出黄色的花芯，在山茱萸上做出浅绿色的花芯。然后用咖啡色奶油点缀山茱萸的细节部份（见"裱花"章节）。

12. 用Wilton352号裱花嘴做出花环上浅绿色和深绿色的叶片。

13. 将浅绿色的奶油和浅粉色的奶油混合装进裱花袋里，前端开一个小也。

14. 挤压上一步中已配好色的裱花袋，做出小的花朵底座。

15. 用剩下的的奶油制作更多的花朵和叶片以覆盖奶油底座和花环，这样从整体视觉效果上就不会显得留出过多的空隙。

10

11

12

13

14

春季花环单层蛋糕和纸杯蛋糕

　　我们将选择一个方形的底座来完成这款春季花环单层蛋糕的设计。在蛋糕两边的表面铺上成簇的花朵，然后用山茱萸装点剩下的两边。用圆形裱花嘴，或者一个带中等大小的孔的裱花袋做出编织状的线条和乡村风的边框——你需要先把边框做好，这样它就可以被成簇的花朵所覆盖了。而甜美且漂亮的纸杯蛋糕有柔和的浅粉色调做底色，你只需配上你想要的花朵就可以了。

春的浅色瀑布

这一款完美的多层浅色蛋糕将成为春季主题晚会的吸睛之作，精致的花朵瀑布和彩色的叶片用来点缀每一层蛋糕。洋桔梗和绣球花都可以提前做好，冷冻之后再放置到蛋糕上进行装饰。

你需要

蛋糕

- 顶层：直径10cm、高7.5cm的圆形蛋糕
- 中上层：直径15cm、高10cm的圆形蛋糕
- 中下层：直径20cm、高7.5cm的圆形蛋糕
- 底层：直径25cm、高10cm的圆形蛋糕

奶油

- 300g浅黄色奶油（白色+一点埃及橙黄）
- 400g浅粉色奶油（白色打底+一点暗粉色）
- 500g浅紫色奶油（白色打底+一点海军蓝+一点浅蓝色）
- 100g深黄色奶油（柠檬黄+秋叶黄）
- 200g渐变色奶油，为不同层次颜色的绣球花和洋桔梗
- 100g绿色奶油（醋栗色）
- 200g深绿色奶油（白色打底+一点云杉绿）
- 200g浅黄色和浅绿色奶油（白色打底+一点醋栗色）
- 400g淡绿色奶油（白色打底+一点醋栗色）
- 100g白色奶油（糖白色）

工具

- Wilton 104号裱花嘴
- Wilton 103号裱花嘴
- Wilton 352号叶片裱花嘴
- Wilton 14号星形裱花嘴
- 弯曲的调色刀
- 蛋糕刮刀
- Wilton蛋糕梳（按照你的设计来选择）
- 蛋糕布
- 裱花袋
- 羊皮纸／油纸
- 烤盘
- 剪刀
- 牙签

具体步骤

1. 用事先做好的洋桔梗来搭配不同蛋糕层次的不同色调（见"裱花"章节）。在蛋糕表层铺满面包屑（见"蛋糕基础"章节），然后用调色刀将大量奶油覆盖住每一层蛋糕的表面。最上面一层用浅黄色，其他层分别用浅黄色、浅粉色和浅紫色（见蛋糕成品图）。在准备每一层蛋糕的时候要把奶油抹平，然后用一个平角蛋糕刮刀去除多余的奶油。用蛋糕梳呈60°刮蛋糕的表面，然后围绕着蛋糕做出脊线。你可以借助转盘来让你的动作更加顺畅。重复以上步骤，直至蛋糕表面的奶油层完整且均匀。

2. 保持蛋糕顶层平整，放置3~5分钟使蛋糕结壳，然后用蛋糕布抹平。

3. 将蛋糕堆叠起来并且用销钉固定（见"蛋糕基础"章节），然后在每一层的蛋糕边缘用带孔的裱花袋做出小圆点进行装饰。

4. 在带孔的裱花袋中装入绿色奶油，标出长叶的位置和婆婆纳属植物的茎。这些茎会成为长叶的叶脉中线。

5. 想要做出长叶的形状，需要用深绿色的奶油，将Wilton103号裱花嘴对准叶脉中线。慢慢在蛋糕上拖动并挤压裱花袋，根据你需要的叶片长度来掌握手上的力度，重复以上步骤，做出排布于叶脉中线两侧的叶片。

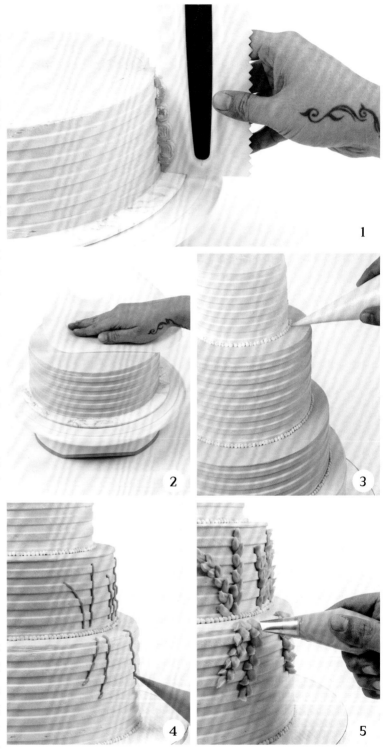

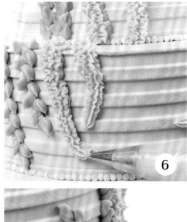

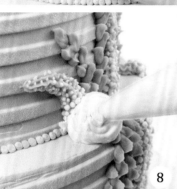

6. 想要做出藤蔓植物，你需要在裱花袋中放入浅黄色和浅绿色奶油，以及Wilton14号裱花嘴。慢慢拖动并挤压裱花袋，让奶油轻轻堆叠起来，做到叶穗尖儿的时候要适当减小挤压力度，这样做出来的叶穗会呈长条水滴状，并且带有尖角和轻微的弧度。

7. 在带孔的裱花袋中装上白色奶油，挤出中等大小的点，从下往上、由小到大做出藤蔓花的形状。

8. 如果事先做好了绣球花且已经冷冻过，就先在蛋糕上做好底座，然后用裱花剪将绣球花从羊皮纸上拿起来，挤上一团新鲜的奶油，再把绣球花固定到蛋糕上。如果你是直接在蛋糕上裱出绣球花，就要先在蛋糕上做好圆形的奶油底座。

9. 用简单的装点方法（见"裱花"章节）和一个Wilton103号裱花嘴来做绣球花，注意要将花朵的颜色和每一层蛋糕的颜色进行搭配。每种奶油颜色中都要加入一些浅绿色来做出绣球花的双色花瓣效果（见"奶油基础""裱花"章节）。

10. 在带孔的裱花袋中装入绿色奶油，做出绣球花的花芯。

11. 放置其他花朵之前，先在蛋糕上做出一些小小的奶油底座，用来固定花朵。

12. 你需按蛋糕每一层的颜色来搭配并固定洋桔梗，这时你可以借助两根牙签（鸡尾酒牙签）来移动花朵，这样就不会破坏花朵的形状。

13. 用Winton352号叶片裱花嘴和一些绿色的奶油填满花朵之间的空隙。

小贴士

　　你可以事先把洋桔梗做好，然后把它们放在泡沫板或者垫着羊皮纸的托盘上，在冰箱里冷冻10～15分钟后，再放到蛋糕上。要做出洋桔梗，你需要用到垂直花瓣制作方法（见"裱花"章节）和刺状的深黄色花芯。你也可以选择用事先做好的绣球花，将其冷冻后再放到蛋糕上，或是直接在蛋糕上裱出这些绣球花。

春的浅色瀑布单层蛋糕和纸杯蛋糕

　　我们不需要用到多层蛋糕中的所有花朵颜色，而是选取浅绿色来覆盖整个单层蛋糕并用花朵进行点缀，这种清新自然的整体色可以带来一种春意盎然的感觉。虽然单层蛋糕我们可以使用与多层蛋糕一样的蛋糕梳，但你也可以在市场上买到不同花纹的蛋糕梳，甚至不需要蛋糕梳，只借助简单的叉子，就可以做出如同草坪一般的纹理。将洋桔梗和绣球花放在蛋糕顶部并加入一些浅绿色的叶片来填满花朵间的缝隙——这些花朵看上去就像是正在生机盎然地盛放着一般。

夏

裸胚蛋糕

现在裸胚蛋糕非常流行，所以我们也来做一个裸胚蛋糕吧！在堆叠蛋糕时，你可以采用漂亮的渐变色，这样海绵蛋糕的色调会自上而下地发生改变。这种褶皱的质地可以很好地调和蛋糕层次间的空隙，可将郁金香和轮峰菊点缀在蛋糕的表面、层与层之间的突出部分和蛋糕的顶部。

你需要

蛋糕

◆ 顶层：3个高7.5cm、直径为15cm的圆形蛋糕，渐变绿（见成品图中的颜色变化）

◆ 底层：4个高10cm、直径为20cm的圆形蛋糕，渐变绿（见成品图中的颜色变化）

奶油

◆ 250～300g浅粉色奶油（纯粉色＋一点橙色）

◆ 250～300g深粉色奶油（纯粉色＋一点橙色）

◆ 50g深黄色奶油（纯柠檬黄＋一点秋叶黄）

◆ 150g浅紫色奶油（纯葡萄紫）

◆ 150g深紫色奶油（纯葡萄紫）

◆ 50g苍绿色奶油（纯焦糖色＋一点醋栗色）

◆ 100g白色奶油（纯白色）

◆ 500～600g深绿色奶油（云杉绿）

◆ 1500～1800g用来做基底、填充和褶皱纹理的超白奶油

工具

◆ Wilton 104号裱花嘴

◆ Wilton 103号裱花嘴

◆ Wilton 102号裱花嘴

◆ Wilton 352号叶片裱花嘴

◆ Wilton 81号菊花裱花嘴

◆ 裱花袋

◆ 羊皮纸／油纸

◆ 烤盘

◆ 剪刀

◆ 窄头调色刀

具体步骤

1. 首先做好蛋糕主体部分（见"裱花"章节），并稍微调整它们的大小：用浅粉色和深粉色的奶油做郁金香，再用深黄色奶油做花芯。然后用浅紫色和深紫色的奶油做轮峰菊，再用苍绿色的奶油做花芯。接着将做好的蛋糕堆叠起来（见"蛋糕基础"章节），将深色的蛋糕放在底部，浅色的蛋糕放在上面。

2. 将一些白色奶油涂抹在蛋糕夹层的边缘，以保证蛋糕间的缝隙都有奶油覆盖。

3. 用一个小的窄头调色抹刀，抹平蛋糕夹层中的奶油。记住并不是要将蛋糕侧面都用奶油覆盖起来。

4. 使用Wilton102号裱花嘴和纯白奶油：将裱花嘴的宽口对着奶油，窄口向上，平稳地上下移动挤压裱花袋，做出褶皱花纹。重复这一步骤来填充所有蛋糕的夹层。

小贴士

　　如果你的蛋糕不得不隔夜保存，你可以在放上裱花之前，将蛋糕放入一个密封的盒子，然后用保鲜膜包起来，这样蛋糕就不会变干燥了。

　　如果你想要创新的话，也可以做纯色的海绵蛋糕，然后用渐变色的奶油来填充夹层，以及进行和褶皱花纹的制作。

1

2

3

4

5. 用同样的裱花嘴进行上一步的操作，做出反方向的褶皱花纹，然后重复这一动作做出另一半褶皱的奶油装饰。

6. 在带孔的裱花袋中装入更多的纯色奶油，作为装饰，可以在褶皱奶油的夹层中间做出奶油珠子。

7. 在蛋糕的夹层中间做出要放置郁金香的奶油底座。

8. 将郁金香放置在蛋糕的夹层中间——错落有致地加入大小不一的花朵。在夹层中间用Wilton352号叶片裱花嘴做出浅绿色和深绿色的叶片（见"裱花"章节）。

小贴士

你的郁金香要做得足够小，这样才能放到蛋糕夹层有限的空间里。而且小的郁金香不会太厚重，可以避免裸胚蛋糕上出现裂缝。

9. 在蛋糕顶部做出一个扁平的底座，并在底座上放置轮峰菊，注意这个底座不能做得太高。最后在轮峰菊的空隙中放上郁金香。

10. 在花朵和叶片的缝隙中裱出更多的叶片。

11. 使用带孔的裱花袋和纯色奶油，按照裱花挤压技巧（见"裱花"章节）在叶片中间用小点做出花籽。

裸胚单层蛋糕和纸杯蛋糕

裸胚单层蛋糕上可以不用渐变色，不过由于顶层蛋糕的外层奶油很薄，所以还是能看到里面的海绵蛋糕——这就是所谓的半裸胚蛋糕。蛋糕顶部和底座的边缘还是用花簇来点缀，而这一单层蛋糕上的"Love"是点睛之笔。我们可以将纸杯蛋糕从纸杯中拿出然后倒着放置，做出一个展示郁金香和轮峰菊的基座。

大丽花展示盘

低调的棕色麻布绑带效果会让挺立的大丽花和绿色的康乃馨颜色更鲜艳。对于任何颜色鲜艳的花朵而言，棕色的绑带都是完美的背景搭配，简单易做且用途多样。就在这样的背景中放上夺目的大丽花来形成一个炫目的蛋糕吧！让大家在看到这款蛋糕时都笑靥如花。

你需要

蛋糕

◆ 顶层：高15cm、直径为15cm的圆形蛋糕

◆ 底层：高10cm、直径为20cm的圆形蛋糕

奶油

◆ 700～800g白色奶油（纯白色）

◆ 500～600g亮绿色奶油（苦柠色＋一点醋栗色）

◆ 300～400g黄色奶油（纯柠檬黄＋一点秋叶黄）

◆ 300～400g橙色奶油（纯橙色＋一点红色）

◆ 150～300g浅粉色奶油（纯紫红色）

◆ 500～600g深绿色奶油（醋栗绿）

◆ 800～1000g多余的白色奶油制作底座

工具

◆ Wilton 101号裱花嘴

◆ Wilton 102号裱花嘴

◆ Wilton 352号叶片裱花嘴

◆ 裱花袋

◆ 羊皮纸／油纸

◆ 烤盘

◆ 剪刀

◆ 麻布图案的硅胶垫

◆ 蛋糕蕾丝，棕色

◆ 绑花线，规格为24号或26号

◆ 保鲜袋或者锡纸

◆ 蛋糕布

◆ 蛋糕抹刀

◆ 弧形的调色刀

◆ 牙签（鸡尾酒牙签）

◆ 剪刀

◆ 尺

◆ 刷子

◆ 裱花胶

具体步骤

1. 提前做好大丽花和康乃馨：大丽花用黄色、橙色和浅粉色的奶油制作。康乃馨用亮绿色的奶油制作（见"裱花"章节）。

2. 将蛋糕堆叠，并用白色的奶油将其平滑地覆盖起来（见"蛋糕基础"章节）。提前准备好麻布蛋糕蕾丝。用麻布图案的硅胶垫和棕色的蛋糕蕾丝做出"麻布"，并将其裁剪成以下形状——两个9cm×23cm的长方形，两个7.5cm×33cm的长方形，两个9cm×9cm的正方形，两个9cm×2cm的长条和一些细的布条。

3. 将一个9cm×9cm的正方形的中间折叠起来，做出一个蝴蝶结。

4. 用绑花线绑住蝴蝶结的中间部位，然后将两端缠起来，留出2.5cm的线头，再将多余的部分剪掉。

1

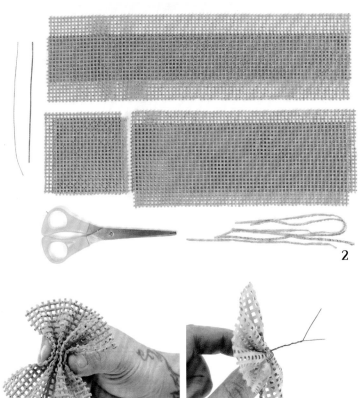

2

小贴士

在第2步使用蛋糕蕾丝的时候，可以用Sugarflair牌纯深褐色奶油来染出理想的蕾丝颜色。注意要比你最终预想的颜色浅两度，因为在制作蛋糕的过程中蕾丝颜色会变深。

3

4

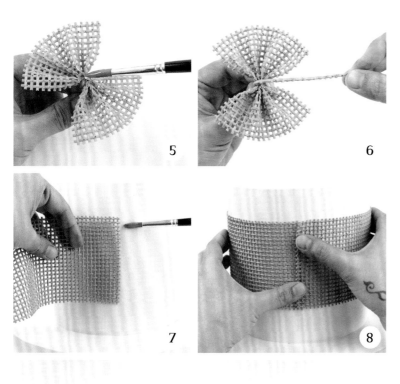

5. 用颜色刷将裱花胶刷在蝴蝶结中部。

6. 在蝴蝶结中间绑上麻布条盖住绑花线。

7. 用裱花胶点出你要在蛋糕最上层绑麻布蕾丝的位置，要保证裱花胶在绑带之内不露出来。然后用一层薄薄的裱花胶均匀涂在麻布绑带的位置。

8. 放上绑带，轻轻按压直到它固定在蛋糕上。

9. 在蛋糕底层也重复以上做法。

10. 取出两个9cm×2cm的麻布条，在一端剪出"∨"的形状，作为丝带的一端。如图所示，用一裱花胶将它们黏在蛋糕底层的一侧。

11. 将绑花线的一段黏上食用胶，使其形成一层厚厚的胶体，或者你也可以用锡纸将线绑起来。

12. 放上蝴蝶结，用绑花线穿过丝带的顶部将其固定住。

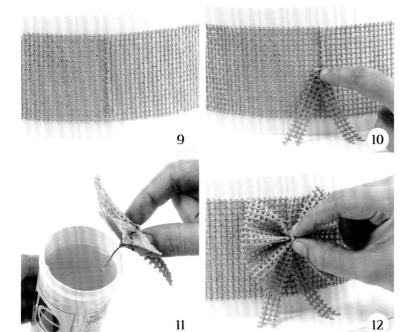

13. 在蛋糕顶层用一个很细的麻布蕾丝条将绑带固定在绑带的衔接处，你的缝线之间的间隔大概是2～3个小正方形那么宽。然后用牙签（或者鸡尾酒牙签）把细线塞到小孔中。

14. 将另一条细线剪成一些小段，然后在每一段的中间点上一些裱花胶，再将它们放进"缝线"的小孔中。

15. 用纯色奶油挤出大丽花和康乃馨的底座。

16. 将五彩缤纷的大丽花和绿色的康乃馨错落有致地放在蛋糕上，一些放在上层，一些在下层。轻轻按压这些花朵的花芯，使它们在蛋糕上固定住。

17. 用带孔的裱花袋和剩余的橙色和黄色奶油做出大丽花的花芯。

18. 用Wilton352号叶片裱花嘴在花朵中间做出深绿色的叶片。

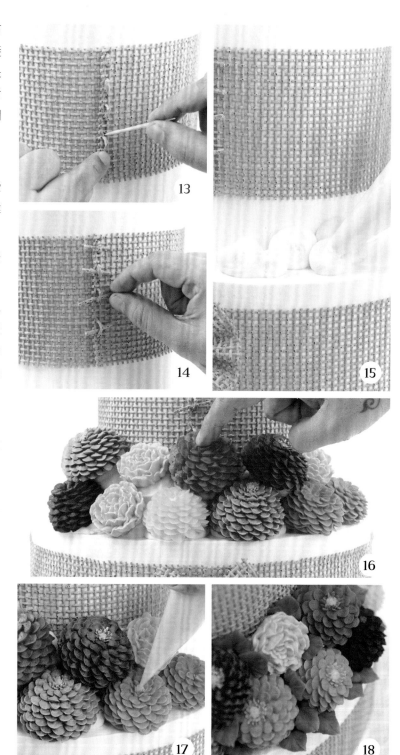

大丽花展示盘单层蛋糕和纸杯蛋糕

　　一个高的单层蛋糕搭配宽的麻布绑带是展示生机勃勃的大丽花簇的绝佳方法，并且无须在底层做更多的花朵装饰。我们将单层的大丽花蛋糕放置在一个粗制的木桩上展示，可以与中间自然色的麻布绑带呼应。纸杯蛋糕应采用深色的杯托，这样更能突显花朵的亮色。

鸟笼花束蛋糕

这款蛋糕优雅的穹顶上是薰衣草、玫瑰、球状菊花、非洲菊、向日葵和绣球花，然后渐变向下是一层又一层炫目的夏日花朵。我们用薰衣草的小刺当作古典鸟笼的栏杆，精致并且保持着均匀的间隔。

你需要

蛋糕

- 顶层：直径为15cm的穹顶蛋糕
- 中上层：高7.5cm、直径为15cm的圆形蛋糕
- 中下层：高7.5cm、直径为20cm的圆形蛋糕
- 底层：高10cm、直径为25cm的圆形蛋糕

奶油

- 800g～1000g的超浅焦糖色奶油（超白色＋一点焦糖色）
- 300g亮蓝色奶油（Sugarflair牌浅蓝色）
- 300g白色奶油（Sugarflair牌超白色）
- 300g浅橙色奶油（Sugarflair牌橙色）
- 300g深橙色奶油（Sugarflair牌橙色＋一点红色）
- 600g黄色奶油（Sugarflair牌柠檬黄＋一点秋叶黄）
- 50g 黑色奶油（Sugarflair牌黑色）
- 100g暗黄色奶油（Sugarflair牌秋叶黄）
- 400g浅粉色奶油（Sugarflair牌复古粉＋橙色）
- 400g深粉色奶油（Sugarflair牌复古粉＋一点橙色）
- 100g亮紫色奶油（Sugarflair牌葡萄紫＋一点紫红色）
- 100g深紫色奶油（Sugarflair牌葡萄紫）
- 400g超浅绿（Sugarflair牌醋栗绿＋一点白色）
- 500～600g超白奶油作为底座

工具

- Wilton 104号裱花嘴
- Wilton 103号裱花嘴
- Wilton 81号菊花裱花嘴
- Wilton 65s号叶片裱花嘴
- Wilton 352号叶片裱花嘴
- 裱花袋
- 羊皮纸／油纸
- 剪刀
- 纸／纸板
- 蛋糕布
- 蛋糕抹刀
- 弧形的调色刀

具体步骤

1. 我们用直径为15cm的圆形碗来制作蛋糕的穹顶。

2. 将蛋糕堆叠起来，并用超浅焦糖色的奶油平滑覆盖其上（见"蛋糕基础"章节）。制作穹顶部分的时候，可使用一个可弯曲的刮刀或者方形的塑料片，将其倾斜并匀速移动。

3. 用蛋糕布打磨蛋糕穹顶的时候，请沿着蛋糕的弧度一次打磨一小部分。注意不要有折痕或者将蛋糕布弄皱。

4. 先把主要的花朵和一些叶片做好：用非常浅的绿色奶油来制作叶子，用白色和浅蓝色奶油制作绣球花（见"裱花"章节），黄色奶油制作球状菊花，还有浅粉色和深粉色奶油制作大卫·奥斯汀玫瑰（见"裱花"章节）。用带孔的裱花袋、深紫色和浅紫色奶油在蛋糕表面直接做出薰衣草（见"裱花"章节）。薰衣草的间隔要均匀，上端的花刺对着下端的花刺，就好像它们是鸟笼栏杆那样去装饰。

1

2

3

4

5. 在薰衣草旁边用带"V"形孔的裱花袋和非常浅的绿色奶油制作出叶子的形状。方便起见，你可以先裱出一些标记再做叶子。

6. 用纯色的奶油做出小底座，再在上面放上一些提前做好的叶片。

7. 为之后要放置的花朵裱出大小合适的平顶奶油底座。要确保这些花朵在蛋糕周围均匀分布。

8. 放置并将事先做好的绣球花、大卫·奥斯汀玫瑰和球状菊花固定住，用带孔的裱花袋和超浅绿色奶油做出绣球花的花芯，再在鸟笼的顶部也放上一些花朵。

9. 直接在蛋糕上做出非洲菊（见"裱花"章节），其中一些用浅橙色，一些用深橙色，用带孔的裱花袋在中间做出黄色和黑色的花芯。如果菊花的一部分位置被另外一朵花所占用，你可以只做出3/4的菊花形状。

小贴士

如果你想要放上事先做好的叶片，最好将叶片放干让它变硬，这样放到蛋糕上之后它们才能够保持原形。或者保证叶片能够得到蛋糕表层的支撑力，注意不要将叶片过多的部分悬挂在蛋糕上，这样它们就不至于弯曲或者垂下来了。

10. 用深黄色的奶油裱出向日葵，并用褐色奶油做出花芯（见"裱花"章节）。

11. 最后用带孔的裱花袋裱上一簇簇的花籽（见"挤压裱花"章节）。

10

小贴士

　　你也可以用Wilton13号或Wilton14号星形裱花嘴做出小星星或者点状奶油花籽。

11

鸟笼花束单层蛋糕和纸杯蛋糕

　　鸟笼花束穹顶部分的设计是我们最喜欢的元素，所以我们将这个设计也沿用在单层蛋糕上。这款蛋糕的做法跟多层蛋糕的顶层做法一样：用薰衣草和花簇装点蛋糕顶部，然后用向日葵、绣球花、非洲菊和玫瑰装点底部。绿色的纸杯可以完美地衬托出各种小簇花朵的艳丽。

夏季多肉

这款蛋糕被我们用各种各样的仙人掌和多肉填满。在做蛋糕的时候，你可以使用不同的颜色——这也是我们没有点明每种花朵具体颜色的原因，不过我们会给你一些颜色搭配的建议。你可以通过观察真实的多肉植物来获取灵感。对于执着于创意想法、喜欢有趣设计和追求与众不同的人士来说，这款蛋糕是完美之选。

你需要

蛋糕

◆ 每层：高10cm、边长为20cm的方形蛋糕

奶油

◆ 700g超浅焦糖色奶油（Sugarflair牌白色＋焦糖色）

◆ 100g棕色奶油（Sugarflair牌深棕色）

◆ 300~400g绿色和紫色奶油来做仙人掌和多肉（Sugarflair牌白色＋醋栗色，Sugarflair牌白色＋云杉绿，Sugarflair牌白色＋卡其色，Sugarflair牌云杉绿＋一点白色，Sugarflair牌云杉绿＋桉树绿，Sugarflair牌白色＋一点葡萄紫，Sugarflair牌紫红色，Sugarflair牌醋栗绿）

◆ 100g深粉色（Sugarflair牌白色＋一点紫红色）

工具

◆ Wilton 101号裱花嘴

◆ Wilton 102号裱花嘴

◆ Wilton 103号裱花嘴

◆ Wilton 150号裱花嘴

◆ Wilton 102号裱花嘴

◆ Wilton 352号叶片裱花嘴

◆ Wilton 14号星形裱花嘴

◆ Wilton 2D号星形裱花嘴

◆ Wilton 8号裱花嘴

◆ Wilton 23号星形裱花嘴

◆ Wilton 5号圆形裱花嘴（可选）

◆ 纸，至少是边长为20cm的正方形

◆ 带锯齿的蛋糕刀

◆ 裱花袋

◆ 羊皮纸／油纸

◆ 烤盘

◆ 剪刀

◆ 可弯曲的塑料板

◆ 蛋糕布

◆ 蛋糕抹刀

◆ 弧形的调色刀

具体步骤:

1.使用绿色和紫色奶油,比如我们在"你需要"中列举出来的那些,还有不同种类的裱花嘴做出一系列的仙人掌和多肉(见"裱花"章节),然后把它们放在一边。

2.用带锯齿的蛋糕刀将多余的、鼓起来的部分切掉,做出平整的蛋糕表面。用纸剪出一个20cm×20cm的正方形纸片,然后折叠两次,形成4个一样的正方形。将其中一个方形剪掉,剩余部分放在蛋糕面上,沿着缺口切下一块蛋糕。

3.将蛋糕用奶油包裹并堆叠起来(见"蛋糕基础"章节),然后在顶层放上之前切下的那一块蛋糕。

4.在蛋糕表层铺满面包屑,然后用超浅焦糖色的奶油将蛋糕覆盖住(见"蛋糕基础"章节)。将一些小的棕色奶油底座放置在蛋糕的拐角处,然后用一个有角度的抹刀垂直(从上至下)将表面的奶油轻轻推抹开。

5.用稍软的塑料板当作刮刀,上下移动将奶油铺开并将颜色抹匀,但是无须过度铺抹。蛋糕需要显示出大理石的质感。

6.用一小块蛋糕布将蛋糕表面稍稍打磨平整。

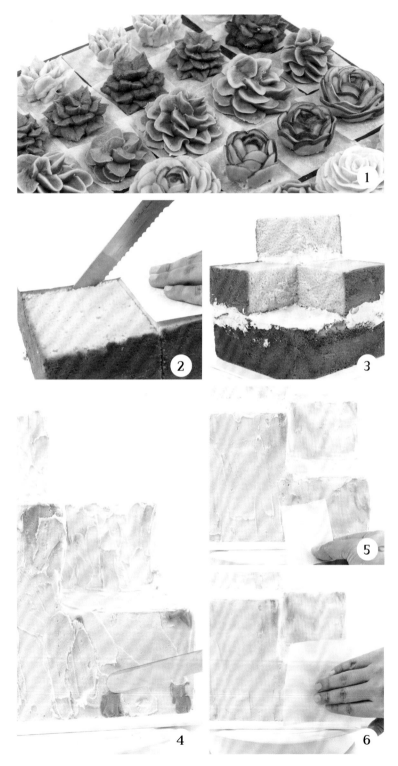

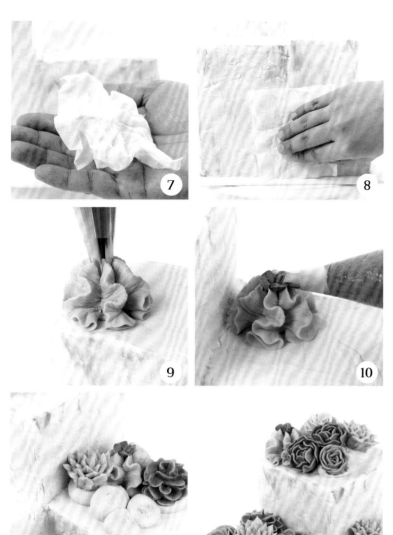

7.将蛋糕布弄皱。

8.轻轻将揉皱了的蛋糕布放在蛋糕表面略印压出风化的样子。注意面积不要太大，在蛋糕的个别处还需要留下一些光滑的部分。

9.用Wilton2D号星形裱花嘴做出一个仙人掌：垂直拿着裱花袋，让裱花嘴对准蛋糕表面，然后轻挤裱花袋、慢慢向上提拉，做出理想的形状即可停止。

10.用Wilton102号裱花嘴和深粉色奶油在仙人掌顶部做出一个五瓣花。

11.用超浅焦糖色奶油制作出一些小的底座，然后将提前做好的多肉和仙人掌放到蛋糕上固定住。

12.放置剩下的植物，直到把蛋糕的空白部分填满。

13. 裱出一些带刺的仙人掌来填满缝隙。用Wilton23号星形裱花嘴和裱叶子的技巧做出一些长长的叶子（见"裱花"章节）。

14. 用Wilton14号星形裱花嘴和双色奶油（见"奶油基础""裱花"章节），然后使用同样的裱叶子的方法做出一些仙人掌，轻轻转动开口的同时慢慢提拉裱花袋。

15. 用浅绿色奶油和Wilton8号圆形裱花嘴做出纯色带刺的仙人掌来填满空隙，再用Wilton8号圆形裱花嘴和提拉技巧做出其他的仙人掌。

16. 用带中等大小的孔的裱花袋（或者用Wilton5号圆形裱花嘴）和深黄色奶油做出一些小刺。

17. 用带小孔的裱花袋做出带紫色花芯的底座。

18. 最后，用Wilton101号花瓣裱花嘴做出一些小的褶皱或者卷曲的垂直花瓣（见"裱花"章节）。

夏季多肉单层蛋糕和纸杯蛋糕

　　这个整齐的盒形蛋糕真实地展现出茁壮成长的小多肉，几乎完美地还原了它们各异的形状和丰富的颜色。盒子本身与蛋糕主体一样，由带色奶油做成，盒子表面光滑，侧面有一些仿木质和铆钉的装饰。将蛋糕顶部分成9个相同的区域，用Wilton47号格纹裱花嘴光滑的一面做出3～4个纵横交错的"格线"来隔断，然后再放上多肉。搭配的纸杯蛋糕由丰富的绿色和紫色覆盖——结合大自然赋予你的灵感制作出属于你自己的迷你植物蛋糕吧！

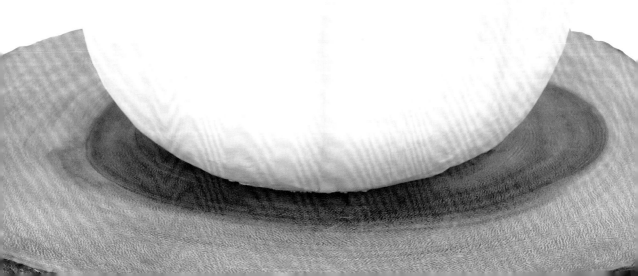

奢华的秋季瀑布

你可以通过选择奶油的颜色在这款蛋糕上展现出一种别致的丰富感。为何不用经典的红色天鹅绒蛋糕的配方搭配绝美的深红色玫瑰、雁来红和大丽花呢？因为这些红色、橙色和金色的花朵落在灰白色褶皱纹理的蛋糕上会让人印象更加深刻，而且一旦你掌握了制作方法，你会发现制作起来其实很简单。

你需要

蛋糕

- ◆ 顶层：高7.5cm、直径为10cm的圆形蛋糕
- ◆ 中层：高10cm、直径为15cm的圆形蛋糕
- ◆ 底层：高10cm、直径为20cm的圆形蛋糕

奶油

- ◆ 500～600g超浅焦糖色奶油（Sugarflair牌焦糖色）
- ◆ 400g深红色奶油（Sugarflair牌超红色＋一点黑色）
- ◆ 500g紫红色奶油（Sugarflair牌超红色＋一点紫红色）
- ◆ 400g红橙色奶油（Sugarflair牌超红色＋橙色）
- ◆ 300g深焦糖色奶油（Sugarflair牌焦糖色）
- ◆ 100g浅焦糖色奶油（Sugarflair牌焦糖色）
- ◆ 300g深绿色奶油（Sugarflair牌云杉绿）
- ◆ 100g浅棕色奶油（Sugarflair牌深棕色）
- ◆ 200g浅橄榄绿色奶油（Sugarflair牌醋栗绿＋一点棕色）
- ◆ 200g黄色奶油（Sugarflair牌柠檬黄＋一点秋叶黄）
- ◆ 100～200g深紫色奶油（Sugarflair牌葡萄紫＋黑色）
- ◆ 500～600g超白奶油做底座

工具

- ◆ Wilton 124号裱花嘴
- ◆ Wilton 104号裱花嘴
- ◆ Wilton 101号裱花嘴
- ◆ Wilton 150号裱花嘴
- ◆ Wilton 81号菊花裱花嘴
- ◆ Wilton 14号星形裱花嘴
- ◆ Wilton 352号叶片裱花嘴
- ◆ Wilton 2号写字裱花嘴（可选）
- ◆ 裱花袋
- ◆ 羊皮纸／油纸
- ◆ 烤盘
- ◆ 剪刀
- ◆ 小的涂鸦壳
- ◆ 蛋糕布
- ◆ 蛋糕抹刀
- ◆ 弧形的调色刀

具体步骤

1. 提前做好玫瑰、大丽花、雁来红顶花和一些叶片：用深红色做玫瑰，红橙色做大丽花，浅焦糖色和深焦糖色做雁来红顶花，深绿色做圆形的叶片（见"裱花"章节）。用Wilton124号裱花嘴做好这些叶片，然后用颜色喷枪上色。

2. 接着在每个蛋糕的顶部边缘处裱出短而垂直的褶皱纹路。用非常浅的焦糖色奶油和Wilton150号裱花嘴，将裱花嘴对着蛋糕的一边，这样开口部分就会向蛋糕表面倾斜。稳定地挤压并提拉裱花袋，每一个褶皱花纹都需要与前一个有些许重合。

3. 后面一层褶皱要比前一层稍低，并保证低的那一层褶皱与蛋糕表面有所接触。注意不要挤太多奶油以致褶皱不能够呈现出波浪的效果。

4. 为雁来红裱出一条路径。使用Wilton14号裱花嘴和深红色奶油：持续挤压裱花袋，从蛋糕的顶部边缘开始慢慢向下提拉裱花袋，同时稍稍转动裱花嘴以做出更有质感的花型。

5. 用带小孔的裱花袋和浅棕色奶油做出枝条。

6. 用纯色奶油做出底座，然后放上提前做好的长叶。轻轻按压，使长叶稳固地黏附于蛋糕表面。

7. 从底层开始放置花朵：先裱出一些奶油底座，然后放上玫瑰和雁来红顶花。

8. 继续加上一些大丽花和奶油底座，为放置向日葵做准备。

9. 花朵的密度从下向上相比图7逐渐减小。

10. 用Wilton352号叶片裱花嘴和黄色奶油在蛋糕上直接裱出向日葵的花瓣，然后在中间用浅棕色奶油做出花芯（见"裱花"章节）。

11. 用Wilton352号叶片裱花嘴和浅橄榄绿色的奶油在花朵之间做出叶片（见"裱花"章节）。

小贴士

因为这款蛋糕上的花朵很多，所以最好让作为背景的褶皱保持垂直，这样它们就不会和花朵设计有冲突。如果你想要用波浪形状的褶皱设计，那就需要使用Wilton104号裱花嘴，并减少花朵上的细节设计。

12. 要填满花朵之间的缝隙，用带孔的裱花袋或者Wilton2号写字裱花嘴做出深紫色的莓果。

13. 用带孔的裱花袋和黄色奶油做出大丽花的花芯。

12

13

小贴士

　　制作红色奶油的时候要注意，由于红色奶油放干之后颜色会变得很深，所以制作的时候可以将颜色做得稍浅，或者将奶油放置1~2个小时之后再做裱花。

奢华的秋季瀑布单层蛋糕和纸杯蛋糕

这个单层的设计将大型三层蛋糕之美转化成了小蛋糕之美：雁来红依然垂落到蛋糕的四周，树枝从温暖的红色、橙色、金色花丛中伸展出来。纸杯蛋糕是将几朵大花放在亮橙色杯托中的微型展示。

丰富的梅子蛋糕

为了庆祝秋季大丰收，我们将多汁的树莓、黑莓和一些白绵花放在深色的背景上。这个季节，花园里的绣球花会变成棕色，不过我们可以把它做成苍绿色，并用毛茛、轮峰菊、大丽花和精致的蕨类植物将它簇拥起来。

你需要

蛋糕

- 顶层：高7.5cm、直径为10cm的圆形蛋糕
- 中层：高10cm、直径为15cm的圆形蛋糕
- 底层：高10cm、直径为25cm的圆形蛋糕

奶油

- 800～1000g深棕色奶油（Sugarflair牌深棕色）
- 200g双色深浅焦糖色奶油（Sugarflair牌焦糖色）
- 300g深绿色奶油（Sugarflair牌云杉绿＋一点棕色）
- 300g浅绿色奶油（Sugarflair牌醋栗绿）
- 500g双绿色奶油（Sugarflair牌醋栗绿＋一点棕色）
- 500g浅桃色奶油（Sugarflair牌超白色＋一点桃色＋一点棕色）
- 400g超浅粉色奶油（Sugarflair牌白色＋一点粉色＋一点棕色）
- 50g深黄色奶油（Sugarflair牌柠檬黄＋一点秋叶黄）
- 200g深紫色奶油（Sugarflair牌葡萄紫＋黑色）

- 200g深红色奶油（Sugarflair牌葡萄紫红色和超白色）
- 100g白色奶油（Sugarflair牌超白色）
- 500～600g超白奶油做底座

工具

- Wilton 104号裱花嘴
- Wilton 102号裱花嘴
- Wilton 101号裱花嘴
- Wilton 13号星形裱花嘴
- Wilton 352号叶片裱花嘴
- Wilton 65s号叶片裱花嘴
- 裱花袋
- 羊皮纸／油纸
- 烤盘
- 剪刀

具体步骤

1. 事先做好毛茛、轮峰菊、树莓、黑莓和尖叶：用浅绿色（花芯）和浅桃色（花瓣）奶油做出毛茛，双绿色奶油（见"蛋糕基础""裱花"章节）做出轮峰菊，深红色奶油做出树莓，深紫色奶油做出黑莓，浅绿色奶油做出尖尖的叶子（见"裱花"章节）。做好后放在一边。

2. 用Wilton65s号叶片裱花嘴和浅焦糖色奶油直接在蛋糕上裱出一些蕨类植物（见"裱花"章节）。用深焦糖色奶油做出蕨类植物中间的主茎。

3. 在即将放置叶子的地方裱出薄薄的扁平底座，然后将尖尖的叶子黏附在底座上。

4. 为每一个绣球花做出奶油底座，然后用Wilton102号裱花嘴以及双浅绿色和白色奶油直接在蛋糕上做出绣球花（见"裱花"章节）。你也可以提前把它们做好。

4

5. 做出更多的奶油底座来放置剩下的花朵，并加上一些树莓和黑莓。

6. 将轮峰菊和毛茛放在奶油底座上，并留出一些空间放置大丽花。

7. 将剩下的莓果放在其他花朵中间。

8. 用Wilton352号叶片裱花嘴和浅粉色奶油将大丽花直接裱在蛋糕上，并用深黄色奶油做花芯（见"裱花"章节）。

小贴士

底层蛋糕和中层蛋糕间的空隙很大，所以最好避免用太大的奶油底座避免花朵塌陷，而是额外烤出一些纸杯蛋糕或者用一些小装饰和蛋糕棒组合，做出带有设计感的底座来托住花朵。蛋糕棒可以用剩余的蛋糕屑加上一半的奶油混合来做。

9. 用Wilton352号叶片裱花嘴和浅绿色奶油做出叶片来填充剩余的空隙。

10. 用Wilton13号星形裱花嘴和白色奶油做出花籽,将剩余的空隙填满。记住要如图做出小花簇的样子。

9

10

丰富的梅子单层蛋糕和纸杯蛋糕

我们设计出一款简单的圆形单层蛋糕，上面堆满了各种花朵和莓果。因为我们是"奶油女王"，所以一切当然都要用奶油来完成啦，不过你也可以用牛奶或者黑巧克力来覆盖蛋糕的表层以完成这一设计。注意纸杯蛋糕要放在棕色的杯托中来搭配蛋糕中深色的部分，然后在蛋糕顶部摆放一些莓果和花朵。

红色和金色的秋叶

这款蛋糕采用了大胆、明亮的秋色，展现出秋季新英格兰地区森林里红色、橘色和黄色的枫叶、橡子和热烈的万寿菊，还有角落里的小苍兰。我们还在蛋糕的中层喷上了一些可食用的金属色来增添亮点。

你需要

蛋糕

◆ 顶层：高7.5cm、边长为10cm的方形蛋糕

◆ 中层：高10cm、边长为15cm的方形蛋糕

◆ 底层：高10cm、边长为20cm的方形蛋糕

奶油

◆ 800～1000g深红色奶油（Sugarflair牌超红色＋一点深棕色）

◆ 600g红橙色奶油（Sugarflair牌橘色＋红色）

◆ 600g橙色奶油（Sugarflair牌橘色＋红色）

◆ 400g橙色奶油（Sugarflair牌橘色＋一点秋叶黄）

◆ 50g黄色奶油（Sugarflair牌秋叶黄）

◆ 50g绿色奶油（Sugarflair牌醋栗绿＋一点红色）

◆ 250g浅橙色（Sugarflair牌橘色＋一点红色）

◆ 250g深橙色（Sugarflair牌橘色＋一点红色）

◆ 200g浅焦糖色（Sugarflair牌焦糖色）

◆ 300g棕色奶油（Sugarflair牌深棕色）

◆ 500～600g超白奶油做底座

工具

◆ Wilton 103号裱花嘴

◆ Wilton 102号裱花嘴

◆ Wilton 13号星形裱花嘴

◆ 枫叶模具（见"模具"章节）

◆ 弧形抹刀

◆ 喷枪机

◆ 金色或铜色的喷枪色

◆ 裱花袋

◆ 羊皮纸／油纸

◆ 烤盘

◆ 蛋糕布

◆ 蛋糕刮刀

◆ 牙签（鸡尾酒牙签）

具体步骤

1. 提前做好枫叶，先在枫叶模具上放一小片羊皮纸。用浅橙色或深橙色奶油，将Wilton103号裱花嘴呈90°角对着蛋糕表面，然后持续挤压裱花袋并前后移动，做出一半的枫叶。

2. 继续用同样的方法做出枫叶的另一半，完成整个枫叶。用浅橙色和深橙色裱出更多的枫叶放在一边。

3. 提前裱出万寿菊和橡子的坚果部分：用红橙色和橙色的奶油做出万寿菊，用棕色奶油做出橡子的主体部分（见"裱花"章节）。然后让蛋糕结壳（见"蛋糕基础"章节）。

4. 用弧形的刮刀轻轻接触蛋糕湿润的表面来做出一些刺。

5. 用喷枪机将中层蛋糕的一些部分喷成金色或铜色。

6. 顶层和底层的蛋糕做成光滑的表面，然后将蛋糕主体部分堆叠起来。

7. 在蛋糕的侧面用红色奶油裱出一个或者两个较小的底座，用于之后放置枫叶。

8

9

8. 轻轻将枫叶放置到蛋糕上。

9. 再拿出放在角落的其余枫叶，有些需要用刮刀或者普通小刀切一下再放到蛋糕上。

10. 因为有些枫叶会需要重叠放置，所以哪怕有些叶子断掉了，也不要丢弃，可以继续用它们来装饰重叠的部分。

11. 再做一些奶油底座来放置万寿菊。

12. 用带小孔的裱花袋和绿色奶油做出一些小苍兰的茎（见"裱花"章节）。

10

11

12

小贴士

中层蛋糕用奶油覆盖完成并做出褶皱的质感后，需将蛋糕放置几个小时之后再用喷枪机上色。因为新鲜的奶油表面会有油脂，所以放置一段时间之后再上色，效果更佳。

枫叶很薄且易破，需要尽快将它们做好并放到蛋糕上。如果它们开始变软了，可以将枫叶放到冰箱中冷冻一会儿，或者将它们风干一晚上再冷冻，这样能让枫叶足够坚硬。

13. 用橙色奶油将小苍兰直接裱在蛋糕上，然后用黄色的奶油点缀花芯（见"裱花"章节）。

14. 放置橡子，并用浅焦糖色奶油和Wilton13号星形裱花嘴旋转着完成橡子的上半部分。

15. 用更深的紫红色奶油（只需在浅焦糖色奶油中加入一点点紫红色）和带小孔的裱花袋做橡子的茎。

小贴士

　　红色是非常鲜艳的颜色，如果你要用红色和其他颜色进行搭配，务必选择比红色更浅一些的颜色。

红色和金色的秋叶单层蛋糕和纸杯蛋糕

　　我们在做中层蛋糕时用刮刀做出的质感也会用到这款单层蛋糕上，用来制作出这款全红色的秋季设计。我们发现，给蛋糕喷上金色和铜色的食用色素，可以让浓艳的红色更富有层次感，而且也可以用金色和铜色给蛋糕增添一些"闪光"感。将花朵和橡子放在蛋糕顶部，然后放上枫叶，这样就能做出秋天的感觉。纸杯蛋糕使用好看的红色或橙色纸杯托，上面再放一簇橡子，简直太可爱了。

完美南瓜

用完美南瓜来吸引大家的目光吧——这是一款以秋季事物为主题的完美杰作！要做出这样的蛋糕形状，精髓在于切割，所以请注意以下的操作指南。只要做好了圆形底座，你就可以轻松地在蛋糕顶部加上一些花朵和叶片了。

你需要

蛋糕

◆ 顶层：高7.5cm、直径为7.5～10cm的圆形蛋糕

◆ 底层：高20cm、直径为20cm的圆形蛋糕

奶油

◆ 700～800g浅焦糖色奶油（Sugarflair牌白色打底＋一点焦糖色）

◆ 200g深焦糖色奶油（Sugarflair牌白色打底＋一点焦糖色）

◆ 200g浅绿色奶油（Sugarflair牌白色打底＋一点醋栗绿）

◆ 600g浅粉色奶油（Sugarflair牌白色打底＋复古粉＋一点埃及橙）

◆ 300g浅桃色奶油（Sugarflair牌白色打底＋埃及橙＋一点复古粉）

◆ 250g深橙色奶油（Sugarflair牌埃及橙＋秋叶黄）

◆ 250g浅橙色奶油（Sugarflair牌埃及橙＋秋叶黄）

◆ 400g中橙色奶油（Sugarflair牌秋叶黄＋橙色＋一点红色）

◆ 300g深红色奶油（Sugarflair牌紫红色＋棕色）

◆ 200g中红色奶油（Sugarflair牌紫红色＋一点葡萄紫）

◆ 150g深绿色奶油（Sugarflair牌云杉绿）

◆ 150g深紫色奶油（Sugarflair牌葡萄紫）

◆ 200g超浅粉色奶油（Sugarflair牌白色打底＋一点紫红色）

◆ 300g浅绿色奶油（Sugarflair牌白色打底＋一点醋栗色）

◆ 400g深绿色奶油（Sugarflair牌云杉绿＋一点浅蓝色）

◆ 200g深蓝色奶油（Sugarflair牌海军蓝＋一点浅蓝色）

◆ 300g桉树绿色奶油（Sugarflair牌桉树绿）

◆ 500-600g超白奶油做底座

工具

◆ Wilton 124号裱花嘴

◆ Wilton 104号裱花嘴

◆ Wilton 81号菊花裱花嘴

◆ Wilton 352号叶片裱花嘴

◆ 蛋糕卡模板

◆ 带锯齿的刀

◆ 直径为30cm的圆形蛋糕

◆ 小的锯齿刀

◆ 裱花袋

◆ 羊皮纸／油纸

◆ 烤盘

◆ 剪刀

◆ 牙签（鸡尾酒牙签）

◆ 笔／铅笔

◆ 塑料／卡纸刮刀

◆ 蛋糕布

◆ 蛋糕刮刀

◆ 弧形的抹刀

◆ 窄口的抹刀

具体步骤：

1. 提前做好玫、甘蓝、两种石楠叶和蓟：用浅粉色和一种由浅粉色、浅桃色组成的双色奶油做玫瑰，超浅粉色奶油做花芯。用浅绿色奶油做中层，深绿色奶油做外层，以此来做甘蓝。用深红色和中等红色做双色的石楠叶，用深绿色和深紫色做剩下的石楠叶，然后用深蓝色做蓟的花芯（见"裱花"章节）。然后将蛋糕底层堆叠并填充起来，直到做出一个20cm高的蛋糕（见"蛋糕基础"章节）。将蛋糕冷冻1～2个小时。从蛋糕板上剪出一个直径为12.5～15cm的圆形模板放在蛋糕的顶部。拿住切刀，从边缘处切去1.3cm左右的蛋糕。

切割小贴士

　　冷冻的蛋糕很容易切割，在切割时不会变碎也不会塌陷。将蛋糕在冰箱中放置1～2个小时可以达到恰当的硬度。为了避免切到不必要的部分，你可以借助球形的蛋糕金属罐，或者两片不锈钢或者耐热碗。熟练的切割技巧可以让你得到各种大小和形状的蛋糕。如果你想要做出一个真正的高层蛋糕，可以将底层的海绵蛋糕换成质地更坚硬的蛋糕，比如脆米蛋糕或者假蛋糕，这样可以避免出现底层蛋糕因为上层过重而被压垮致使填充品被挤出的情况。另一个选择就是用木销钉（见"蛋糕基础"章节），然后将蛋糕板纸放在蛋糕中间的夹层中。

2. 将蛋糕板纸放在蛋糕的顶部，将手放在底部，然后迅速将蛋糕翻转。

3. 将直径为12.5～15cm的蛋糕油纸放在蛋糕的顶部，重复以上步骤，继续切割蛋糕，慢慢使蛋糕变圆。

4. 将圆形模板折叠4次，直到折痕将圆形分成8个部分。

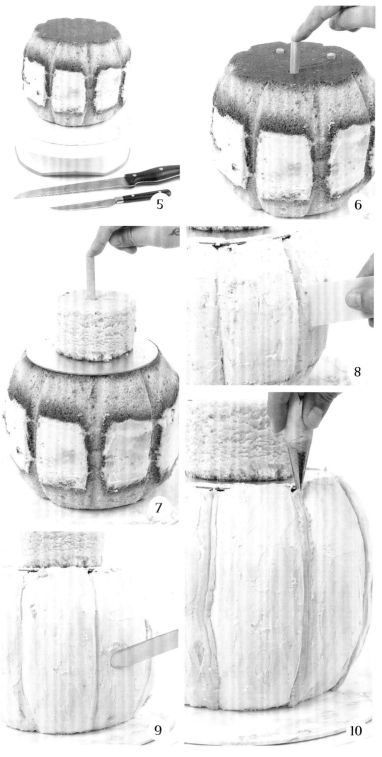

5. 用折痕当作南瓜茎络的标记，然后进行裁剪，做出更深的印痕和圆形的南瓜主体。用小锯齿刀来完善细节部分。

6. 将3个或4个木销钉裁剪成适合南瓜的高度，并将它们插到蛋糕内（见"蛋糕基础"章节）。

7. 将顶层的蛋糕放在一个直径为7.5～10cm的蛋糕板纸上（配合南瓜顶部的大小），在板纸中间做出一个圆孔用来插入木销钉。裁剪出一个长长的木销钉从蛋糕中间插进去（见"蛋糕基础"章节）。

8. 用浅焦糖色奶油覆盖蛋糕表面，并使其结壳（见"蛋糕基础"章节）。你可以用一个小小的塑料刮刀来抹平奶油，并将南瓜茎的部分也填入奶油，然后将蛋糕放到冰箱中冷冻20～30分钟至蛋糕变硬。

9. 用剩下的浅焦糖色奶油覆盖蛋糕，并抹平（见"蛋糕基础"章节）。要做出阴影的话，需要用弧形抹刀将小块的焦糖色奶油轻轻涂抹在蛋糕上。

10. 用Wilton352号叶片裱花嘴和超浅色奶油做出南瓜的茎络。

11. 用窄口的抹刀将浅绿色奶油涂抹到蛋糕上，注意不要涂抹太多奶油，因为下一步还需要染色。

12. 用一个小的塑料刮刀将蛋糕表面的颜色涂满，可以从蛋糕的中间部分向外刮。

13. 用一小块蛋糕布轻轻把蛋糕抹平（见"蛋糕基础"章节），可以在南瓜表面留下一些粗糙的质地，让蛋糕看起来更像真实的南瓜。

14. 用纯奶油覆盖顶层蛋糕并铺撒面包屑。

15. 用白色奶油裱出底座，然后放上做好的蛋糕裱花和其他的花朵元素，并留出一些空间来放置菊花。

16. 用Wilton81号裱花嘴、深橙色奶油和浅橙色奶油直接在蛋糕上裱出菊花（见"裱花"章节）。

17. 用桉树绿色奶油和Wilton352号叶片裱花嘴如图做出蓟的叶子，然后在叶丛中间做出花芯。

18. 将花芯裱在蓟花上。

19. 用Wilton352号叶片裱花嘴和深绿色奶油裱出更多的叶片来填满空隙。

20. 迅速裱出一些石楠叶来进一步装饰蛋糕。

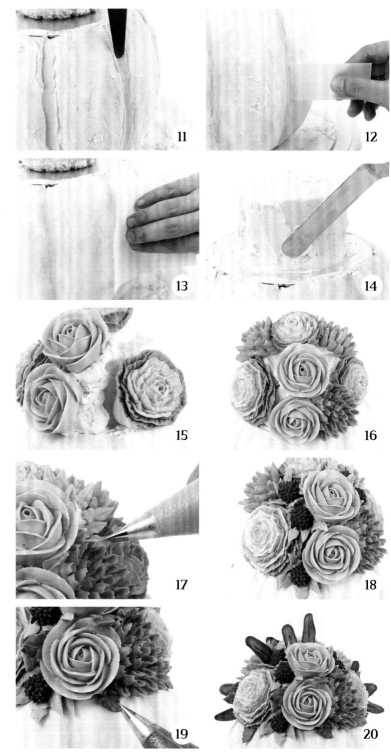

完美南瓜单层蛋糕和纸杯蛋糕

这款单层蛋糕是完美南瓜蛋糕主体部分的缩小版，你可以将一个直径为15cm的蛋糕切割出合适的形状。这款蛋糕不需要做顶层蛋糕——我们只需要用挤压裱花的手法（见"裱花"章节）做出一条茎来装饰南瓜顶部，然后在叶茎周围放上环绕的花朵。在蛋糕的底部，我们也可以添加一些花朵和叶片。在蛋糕顶部用一系列的花朵和较短小的石楠花来装饰，这样我们在拿起纸杯蛋糕的时候，石楠花就不会塌掉下来了。

冬

冬季温暖

你知道苹果曾经是圣诞树常用的装饰品吗？现在我们将用它作为冬季最佳的元素来装点蛋糕——它将大自然的气息带到我们的房间，给我们带来了温暖！这款蛋糕上可爱的织纹图案设计会让你想起毛衣带来的温暖。

你需要

蛋糕

- 顶层：高7.5cm、直径为10cm的圆形蛋糕
- 中层：高10cm、直径为15cm的圆形蛋糕
- 底层：高7.5cm、边长为20cm的方形蛋糕

奶油

- 400～500g浅焦糖色奶油（Sugarflair牌焦糖色）
- 400～500g浅棕色奶油（Sugarflair牌深棕色）
- 700～800g大理石纹路的浅棕色／深棕色（Sugarflair牌深棕色）
- 300g白色奶油（Sugarflair牌超白色）
- 100g深黄色奶油（Sugarflair牌柠檬黄＋一点秋叶黄）
- 50g浅栗色奶油（Sugarflair牌栗色）
- 200g浅绿色奶油（Sugarflair牌醋栗色）
- 300g深绿色奶油（Sugarflair牌云杉绿）
- 500～600g红色奶油（Sugarflair牌超红色）
- 100g亮绿色奶油（Sugarflair牌苦柠色＋一点醋栗色＋一点柠檬黄）
- 200g超浅绿色奶油（Sugarflair牌白色＋一点醋栗色）
- 500～600g超白奶油做底座

工具

- Wilton 104号裱花嘴
- Wilton 363号或21号星形裱花嘴
- Wilton 47号格纹裱花嘴
- Wilton 352号叶片裱花嘴
- Wilton 10号圆形裱花嘴
- Wilton 12号圆形裱花嘴（可选）
- 裱花袋
- 羊皮纸／油纸
- 烤盘
- 尺子
- 牙签（鸡尾酒牙签）
- DinkyDoodle牌珍珠色喷枪
- 颜料刷
- 蛋糕布
- 蛋糕刮刀
- 有弧度的抹刀
- 平尖模具

具体步骤

1. 提前用红色和黄色奶油以及DinkyDoodle牌色素做出柠檬和苹果。

2. 用浅焦糖色奶油覆盖蛋糕的上面两层，并做出平滑的蛋糕壳（见"蛋糕基础"章节）。用同样的技法和浅棕色奶油覆盖底层蛋糕。用尺子和牙签在上面两层蛋糕上裱出垂直的线条，为织纹图案做标记。

3. 中层蛋糕部分：我们将用浅焦糖色奶油开始做外壳的设计。将Wilton363号星形裱花嘴（或Wilton21号星形裱花嘴）从导线的一边挤出适量奶油，沿着导线方向逐渐减少挤压力度，轻轻拖动，形成指状。

4. 在导线的另一边重复以上步骤，做出"V"的形状，然后沿着导线继续往下操作。

5. 用带孔的裱花袋做出花纹的分隔线，并在中层蛋糕上重复这个垂直的格纹裱花的制作。

小贴士

　　如何设计出间距相等的格纹线，相关操作如下：先用纸条绕蛋糕一周，然后将纸条拿开，反复对折至每一段的长度大概是2.5cm，沿着线条的折痕裱出垂直的奶油线条即可。

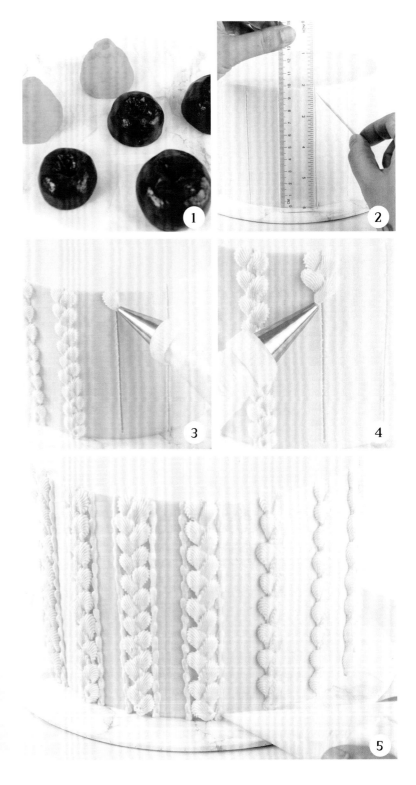

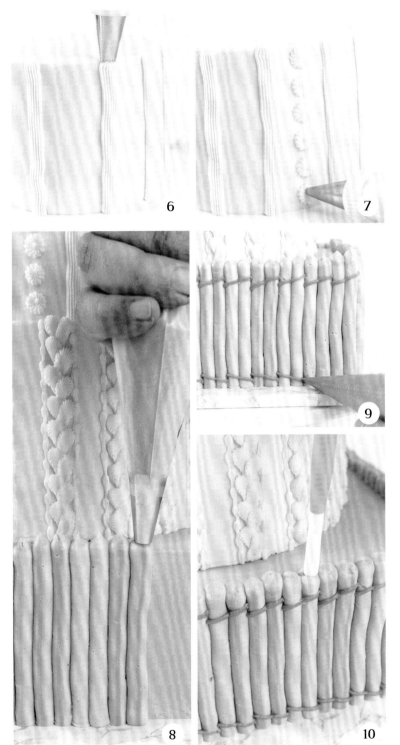

6. 顶层蛋糕部分：将Wilton47号格纹裱花嘴带锯齿的一面朝上，用浅焦糖色奶油裱出线条。第一条线做在步骤2中的织纹图案的左侧，不过需要将步骤2中的织纹图案覆盖。第二条线要裱在步骤2中的织纹图案的右侧，然后重复以上步骤做出剩下的线条，如此做出均匀环绕排布的裱花线。

7. 用同样的Wilton363号星形裱花嘴垂直裱出6个间隔较小的圆形"按扣"。在顶层蛋糕的所有裱花线的间隔中都重复这个操作，完成顶层蛋糕的装饰设计后，最后将所有的蛋糕堆叠起来（见"蛋糕基础"章节）。

8. 使用Wilton10号圆形裱花嘴，在裱花袋中装入大理石纹路浅棕色和深棕色奶油（见"奶油基础""裱花嘴"和"裱花"章节）。持续挤压裱花袋，在底层蛋糕周围垂直做出"树枝"。每条树枝都自下而上裱出，并在树枝顶部做出些许超过蛋糕边缘的突出形状。

9. 在树枝顶部和底部用带孔的裱花袋和橙色奶油做出"缝线绳"：每两根树枝需要用简单的斜线在顶部做出织纹，然后在树枝底部继续重复以上步骤。

10. 蛋糕结壳之后，用平顶的模具将每根树枝的顶端抹平，如果没有工具的话，你也可以用手指来操作。

11. 裱出引导标记，然后用带孔的裱花袋和深绿色奶油裱出松树叶（见"裱花"章节）。

12. 用Wilton352号叶片裱花嘴和亮绿色、深绿色奶油做出双色树叶。

13. 用纯奶油做出底座然后放上苹果，可以通过苹果的摆放位置给整个设计增添一些层次感。

14. 重复以上步骤并放上柠檬。

15. 做更多的奶油底座用来放玉兰花。

16. 如果你已经确定好玉兰花的位置，就可以在中间裱出一些叶子，然后再放上做好的裱花。

17. 用Wilton352号叶片裱花嘴和白色、浅绿色奶油直接裱出玉兰花（见"蛋糕基础""裱花"章节），再做出黄色的花芯（见"裱花"章节）。

18. 用Wilton104号裱花嘴和白色奶油在蛋糕上做出玉兰花，然后做出浅绿色和黄色的花芯（见"裱花"章节）。

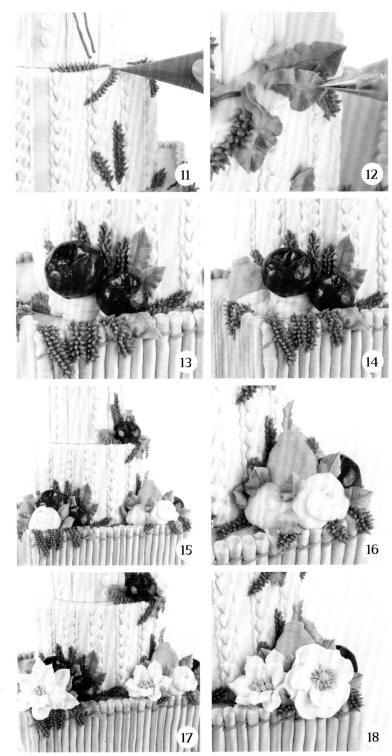

冬季温暖单层蛋糕和纸杯蛋糕

让奶油织纹在这款简约的冬季蛋糕上闪耀吧！将两种不同的垂直织纹一起裱在单层蛋糕上，然后在采用半圆边框设计的蛋糕顶部点缀一系列的花朵和水果。用白色的纸杯托来衬托纸杯蛋糕的新鲜和干净，以此来突显冬季主题。

驯鹿蛋糕

一头驯鹿从花和树叶中探出头来——尊贵的头顶上戴着由百合、松果点缀成的王冠，王冠上面是迷人的鹿角。这款蛋糕将挑战你的艺术设计能力，不过不用担心，蛋糕上的线条是通过描摹模板来裱画的，一点儿都不难！

你需要

蛋糕

- 顶层：高7.5cm、直径为10cm的圆形蛋糕
- 中层：高10cm、直径为15cm的圆形蛋糕
- 底层：高10cm、直径为20cm的圆形蛋糕

奶油

- 1500g白色奶油（Sugarflair牌超白色）
- 200g浅紫色奶油（Sugarflair牌白色打底+葡萄紫+一点棕色）
- 200g中紫色奶油（Sugarflair牌白色打底+葡萄紫+一点棕色）
- 300g浅黄色奶油（Sugarflair牌白色打底+一点秋叶黄）
- 300g浅蓝色奶油（Sugarflair牌白色打底+一点浅蓝+一点海军蓝）
- 50g超浅蓝色奶油（Sugarflair牌白色打底+一点浅蓝）
- 400g深绿色奶油（Sugarflair牌云杉绿）
- 400g浅绿色奶油（Sugarflair牌白色打底+一点云杉绿）
- 400g棕色奶油（Sugarflair牌深棕色）
- 500g浅焦糖色奶油（Sugarflair牌白色打底+一点焦糖色）
- 100～200g浅桉树绿奶油（Sugarflair牌桉树绿+一点黑色）
- 50g黑色奶油（Sugarflair牌黑色）
- 500～600g超白奶油做底座

工具

- Wilton 104号裱花嘴
- Wilton 103号裱花嘴
- Wilton 102号裱花嘴
- Wilton 97L号裱花嘴
- Wilton 65s号叶片裱花嘴
- Wilton 352号叶片裱花嘴
- 鹿角和鹿的模板（见"模板"章节）
- 裱花袋
- 羊皮纸／油纸
- 烤盘
- 剪刀
- 笔／铅笔
- 一张纸／卡
- 蛋糕布
- 蛋糕刮刀
- 有弧度的抹刀
- Wilton牌棕色糖果融化物或者其他品牌的牛奶巧克力

具体步骤

1. 提前用棕色奶油做出松果，白色奶油做出马蹄百合，深绿色奶油做出长叶，还有浅焦糖色奶油做出牡丹花苞（见"裱花"章节），然后把它们放在一边。

2. 将一张羊皮纸放在鹿角图案上（见"模板"章节），用一块融化的巧克力或者用即溶糖片填满裱花袋。在裱花袋前端剪一个小孔，接着描绘模板，然后等巧克力变硬。

3. 将一张羊皮纸放在鹿的图案上（见"模板"章节），然后在带孔的裱花袋中装入黑色奶油，并描模板。

4. 将蛋糕用奶油覆盖并堆叠起来，用白色奶油给它们做出平滑的表面（见"蛋糕基础"章节）。将鹿的图案放在中间那一层。

5. 用手指沿着模板轻轻揉动。

6. 小心地把羊皮纸拿下来。

7. 在带孔的裱花袋中装入黑色奶油，将没有印出来的部分填画上，并突出眼睛的部分。

小贴士

　　我们将鹿的图案作为模板在书中单独列举（见P140页），当然，你也可以选择其他的图案或设计，还可以通过在网上搜索"可印出的图案"或"如何画……"来找到你想要画出的图案。图案打印出来之前，须先将图片进行镜像翻转，以免最终印上蛋糕的图案与原图相反。

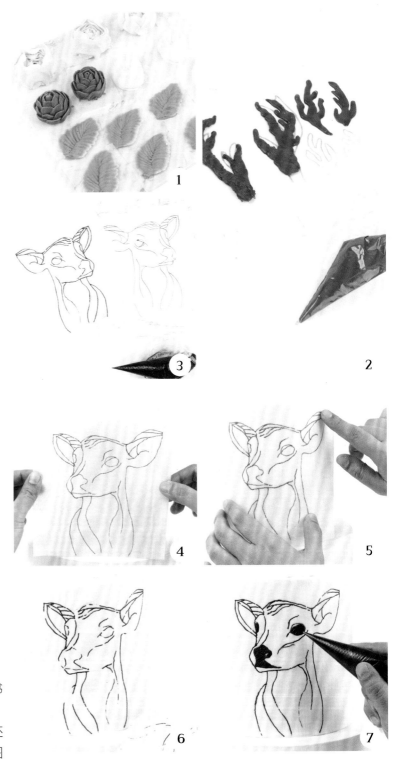

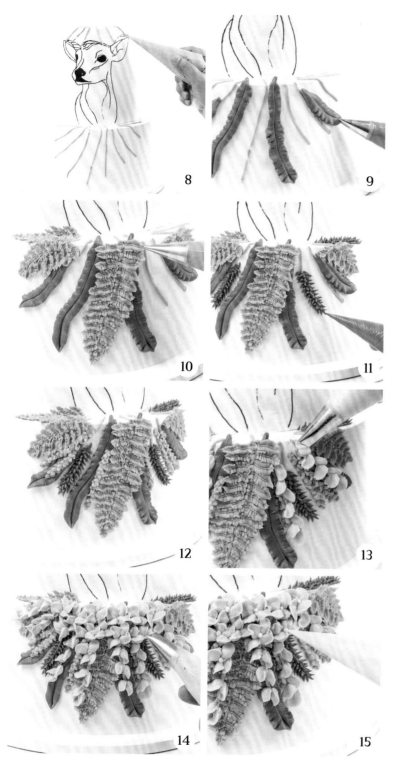

8. 用浅绿色奶油做出叶片的导线。

9. 用深绿色奶油和Wilton352号叶片裱花嘴做出长叶：持续挤压并拖动裱花袋至理想的长度。

10. 用浅绿色奶油和Wilton65s号叶片裱花嘴做出蕨类植物（见"裱花"章节的叶片部分）。

11. 用带孔的裱花袋和深绿色奶油做出带刺的松树叶（见"裱花"章节的叶片部分）。

12. 用带孔的裱花袋和浅紫色、中紫色奶油做出薰衣草。

13. 用浅桉树绿色的奶油和简单裱花方法裱出桉树叶（见"裱花"章节）。

14. 继续用简单的花瓣方法以及Wilton102号裱花嘴和浅蓝色奶油裱出飞燕草（见"裱花"章节）。

15. 在带孔的裱花袋中装入超浅蓝色奶油，做出飞燕草中的小穗粒。

16. 用白色奶油做出新鲜的底座，用来放置松果。

17. 重复以上步骤，放上牡丹和马蹄百合。

18. 迅速放上巧克力鹿角，以免它们在你的手指上融化。

19. 放上事先做好的叶片。

20. 用Wilton352号叶片裱花嘴和深绿色奶油以及提拉裱花方法做出叶片，将空隙填满。

21. 用带中等大小的孔的裱花袋和浅黄色奶油做出马蹄百合的花芯，稳定地挤压裱花袋，直到你做出想要的长度再松开。

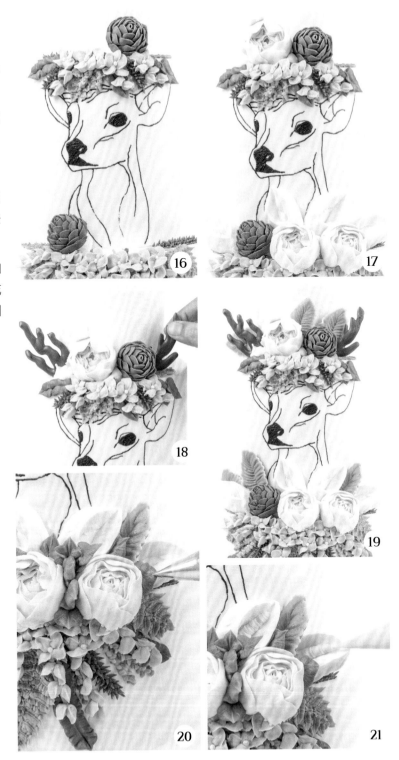

驯鹿单层蛋糕和纸杯蛋糕

用勾描的技巧做出驯鹿蛋糕的主体部分，你可以把这样的设计直接转移到一个单层方形蛋糕上，如图所示。实际上，如果这是你第一次尝试，你会发现这种单层蛋糕的制作要更容易一些。我们很喜欢大蛋糕上巧克力鹿角的设计，所以我们在小蛋糕上也沿用了这样的设计。做出两层花朵装饰，一半放在鹿头处，另一半放在蛋糕边缘，用来装饰鹿的脖颈。我们还是情不自禁地纸杯蛋糕上加了一些小鹿角，并相信这样的设计肯定会让大家会心一笑的！

闪耀微光的冬之奇迹

这款精致的蛋糕表面有糖霜覆盖，就像冬天微亮的光线，使蛋糕闪闪发光。成簇的白色玫瑰和康乃馨点缀着精致的灰色莓果、白色的叶片和泡沫一样的白色花朵。每一种元素都会被喷上珍珠色的表层，不过要注意，用喷枪给圆形的纸叶上色的时候要格外小心。

你需要

蛋糕

◆ 上层：高10cm、直径为15cm的圆形蛋糕

◆ 下层：高10cm、直径为15cm的圆形蛋糕

奶油

◆ 700g浅灰色奶油（Sugarflair牌黑色）

◆ 1000g白色奶油（Sugarflair牌白色）

◆ 100～200g浅绿色奶油（Sugarflair牌醋栗绿＋一点棕色）

◆ 100～200g桉树绿色奶油（Sugarflair牌桉树绿＋一点黑色）

◆ 灰色奶油（Sugarflair牌黑色＋一点桉树绿）

◆ 250g浅绿色奶油（Sugarflair牌醋栗色＋一点棕色＋白色）

工具

◆ Wilton 104号裱花嘴

◆ Wilton 103号裱花嘴

◆ Wilton 352号叶片裱花嘴

◆ Wilton 2号写字裱花嘴（可选）

◆ 雪叶莲模板（见"模板"章节）

◆ 绿色圆形纸片

◆ 笔／铅笔

◆ 剪刀

◆ 有弧度的抹刀

◆ 蛋糕刮刀

◆ 蛋糕布

◆ 卡纸

◆ 喷枪

◆ DinkyDoodle牌珍珠色喷枪

◆ 裱花袋

◆ 羊皮纸／油纸

◆ 烤盘

◆ 镊子

具体步骤

1. 从圆形的绿色打印纸片上裁剪出20~25个雪叶莲叶片（见"模板"章节），然后将它们放在可以重新封口的袋子中。

2. 在蛋糕表层铺撒面包屑，并用抹刀将浅灰色奶油覆盖其上，用蛋糕布将表面抹平，然后放置5~10分钟待奶油结壳（见"奶油基础"章节）。垂直拿住一片卡纸，并将纸的边缘插入蛋糕表面。你可以将纸片稍稍弯折做出曲线。重复以上步骤，将下层蛋糕的表面都做出纹理。

3. 用白色奶油覆盖上层的蛋糕（见"奶油基础"章节）。将上层整个蛋糕都用喷枪喷上珍珠色，然后重复以上步骤，多次喷涂，使蛋糕更有光泽。

4. 把灰色奶油放在带孔的裱花袋里，通过挤压出球状斑点来制作奶油浆果。你可以选择用羊皮纸作为板纸，以防止黏住。

小贴士

　　如果你找不到心仪颜色的圆形纸片，也可以用喷枪在纸片上喷上绿色。注意喷枪口不能距离纸片太近，以免它变湿。

1

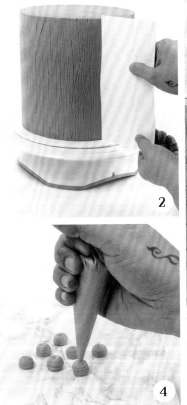

2

4

3

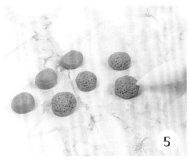

5

6

7

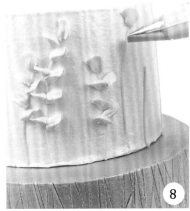

8

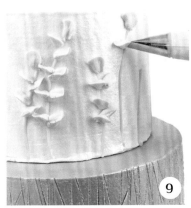

9

10

5. 将浆果放置5～10分钟待其结壳，然后用牙签或者一个模型工具轻戳其表面做出纹理。

6. 用Wilton104号裱花嘴做出玫瑰（见"裱花"章节），再用Wilton103号裱花嘴做出康乃馨（见"裱花"章节），将做好的裱花放在羊皮纸上。将它们转移到托盘上，然后在花朵和浆果上喷上珍珠色，将其放入冰箱放置10～15分钟之后再放到蛋糕上。

7. 用带孔的裱花袋装上浅绿色奶油，在上层蛋糕的侧面裱出茎桉树茎。

8. 将Wilton103号裱花嘴的宽口对着桉树茎，使开口稍稍高出蛋糕表面，挤压裱花袋做出桉树叶。

9. 慢慢挤压裱花袋并将手转向茎的方向，做出叶片。注意手不要抬得太高，以免脱离蛋糕表面。重复以上步骤，在茎上裱出叶片，有些叶子是相对的，有些则是交替的。

10. 确定花朵和浆果的位置，在蛋糕上裱出奶油底座。

11. 先放上玫瑰花，然后陆续放上其他的花朵。用牙签按着花朵的两端并转动着将牙签下推，使花朵固定。

12. 将浆果放在花朵之间。

13. 用Wilton352号叶片裱花嘴做出叶片（见"裱花"章节的叶片部分）。

14. 用带孔的裱花袋装入白色奶油，也可使用Wilton2号写字裱花嘴。在空隙处裱出一簇簇小点，但注意不要把叶片之间的空隙填满。这些小白点看起来就像花籽。

15. 放上纸叶片。需要小心地用手将叶片放上去，以免其折断。

16. 用珍珠色的喷枪再仔细装饰一下这些元素，给叶片、浆果和花朵再增添一些亮色。

闪耀微光的冬之奇迹单层蛋糕和纸杯蛋糕

在制作这个简易版的冬之奇迹蛋糕时，我们在整个蛋糕表面都做出了纹路。当在整个蛋糕表层都喷上珍珠色后，这些纹路都会显得流光溢彩。沿用多层蛋糕的制作方法做出蛋糕表面的质感纹路并裱出花朵。在单层蛋糕上加上花环的元素，并在底座周围加上简单的银色珠饰来增添冬季冰雪的感觉。用银色的纸杯托可做出一种闪闪发光的冰层的效果，然后再加上一系列的花朵、浆果和叶片来搭配纸杯蛋糕。

花朵圣诞树

如果你在找一款能让人惊艳的圣诞蛋糕，那么请看这里！这款塔状的圣诞树仅凭高度就足够吸引眼球了，再加上它鲜艳的红色、白色和绿色的花朵及叶片，巧妙地增添了传统的节日色彩。

你需要

蛋糕

- ◆ 底层：高10cm、直径为15cm的圆形蛋糕
- ◆ 树：两个高7.5cm、直径为20cm的圆形蛋糕

  两个高7.5cm、直径为15cm的圆形蛋糕

奶油

- ◆ 500g红色奶油（Sugarflair牌超红色＋一点棕色）
- ◆ 400g浅绿色奶油（纯色奶油+醋栗色）
- ◆ 500～600g红色奶油（Sugarflair牌超红色）
- ◆ 400g白色奶油（纯白色）
- ◆ 400g棕色奶油（Sugarflair牌深棕色）
- ◆ 50g深黄色奶油（纯柠檬黄＋一点秋叶黄）
- ◆ 500～600g深绿色奶油（云杉绿）
- ◆ 500～600g中绿色奶油（Sugarflair牌醋栗色+深棕色）
- ◆ 500～600g浅绿色奶油（Sugarflair牌醋栗色）
- ◆ 400～500gg纯白奶油用来制作嫩芽和固定面包屑

工具

- ◆ Wilton 103号裱花嘴
- ◆ Wilton 102号裱花嘴
- ◆ Wilton 124号叶片裱花嘴
- ◆ Wilton 74号裱花嘴
- ◆ Wilton 352号裱花嘴
- ◆ Wilton 8号裱花嘴
- ◆ 裱花带
- ◆ 羊皮纸/油纸
- ◆ 烤盘
- ◆ 剪刀
- ◆ 纸/纸板
- ◆ 蛋糕布
- ◆ 蛋糕抹刀
- ◆ 弧形的调色刀
- ◆ 销钉

具体步骤

1. 用红色和绿色奶油提前做出玫瑰（见"裱花"章节），然后将它们放在一边。用栗色的奶油覆盖底层蛋糕，然后用直角的刮刀将奶油抹平（见"蛋糕基础"章节）。

2. 将棕色的奶油抹在蛋糕的侧面，然后用直角的抹刀将它们抹开。

3. 将白色奶油抹在蛋糕侧面，再将它们用直角抹刀抹开。

4. 用刮刀一段一段地将蛋糕侧面抹匀，直到整个蛋糕呈现出混合的大理石颜色。

5. 将另一个做好的蛋糕表面用奶油覆盖并将其堆叠起来，然后等这个蛋糕"树"结上白色的奶油外壳。注意要在蛋糕中间插入一个跟蛋糕同样高的木销钉（见"蛋糕基础"章节）。

6. 在蛋糕周围标记出浅绿色的玫瑰的放置位置，然后用纯色奶油做出一些底座，用于放置玫瑰花。

小贴士

按照"蛋糕基础"章节中的步骤放置并叠高蛋糕，参考完美南瓜蛋糕的做法来做出圣诞树。底层蛋糕可以作为蛋糕底座来支撑主体蛋糕。

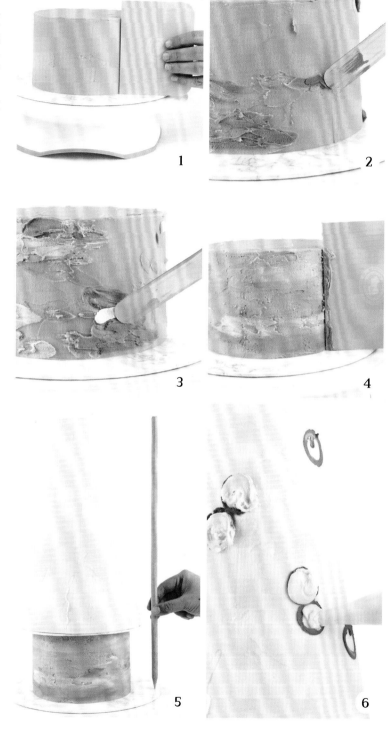

7. 将玫瑰放在"树"上的奶油底座上。

8. 确定好其他花朵的位置并裱出奶油底座，你可以用字母或者其他的标记提醒自己哪些是放置一品红的底座，哪些是放置木棉花的底座。

9. 用棕色奶油在"树"上裱出蛋型的底座来放置松果。

10. 用Wilton74号裱花嘴和3种不同的绿色奶油：浅绿、中等绿和深绿色奶油，做出褶皱的叶片。

11. 用Wilton102号裱花嘴和棕色奶油在棕色的底座上裱出松果（见"裱花"章节）。

小贴士

  你可以直接在蛋糕上裱出松果或者提前裱好。如果你提前做好松果，就将其放入冰箱先冷冻，取出后用薄铲刀将它们对半切开后再放到蛋糕上。注意要准备足够的绿色奶油来覆盖整个蛋糕，如果你提前把绿色奶油用完了，想要再做出同样颜色的绿色奶油蛋糕，那就不是一件容易的事了。

12. 用Wilton8号裱花嘴直接在蛋糕上裱出棉花，然后用带孔的裱花袋装入棕色奶油点缀细节（见"裱花"章节）。

13. 用Wilton352号叶片裱花嘴和红色奶油裱出一品红，然后用深黄色奶油点缀花芯（见"裱花"章节）。

14. 用Wilton102号裱花嘴和红色奶油裱出花朵，然后点上浅绿色的花芯（见"裱花"章节）。

15. 用带孔的裱花袋裱出红色浆果。

16. 在蛋糕顶部做出一些奶油底座，用来放置红色玫瑰。

17. 用Wilton352号叶片裱花嘴和深绿色奶油将一些叶子围绕在红玫瑰周围，将露出的奶油底座和面包屑覆盖住（见"裱花"章节）。

花朵圣诞树单层蛋糕和纸杯蛋糕

这款精致的单层蛋糕是一款由节日鲜花组成的穹顶蛋糕，是用红色、白色和绿色奶油点缀成树的形状。可用一个半圆的蛋糕锅做出半圆形的蛋糕，或者直接切出一个圆形蛋糕来做出底层的形状。你可以在玫瑰、棉花、一品红、松果和其他元素的底部垫一堆奶油，用来支撑和增强穹顶的形状。纸杯蛋糕则选用亮绿色的纸杯托，并沿用传统的节日颜色搭配方案，在蛋糕上面点缀各种花型和颜色的奶油。

模板

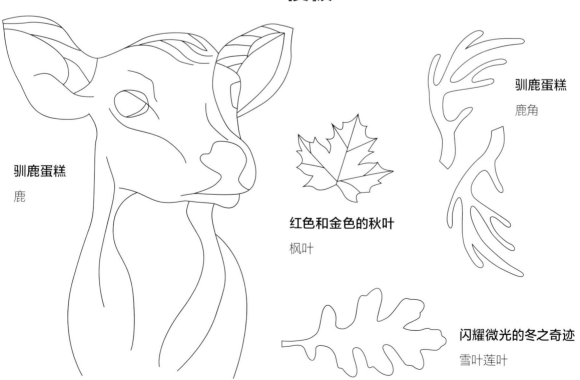

驯鹿蛋糕

鹿

红色和金色的秋叶

枫叶

驯鹿蛋糕

鹿角

闪耀微光的冬之奇迹

雪叶莲叶

关于作者

2011年，瓦莱里·瓦莱里亚诺和她的好朋友克里斯蒂娜·王迎来了奶油装饰的黄金时代，那时她们的厨房里只有一个面包机大小的烤箱。她们凭借着从YouTube上搜索到的教学视频和知识，发掘了自己潜在的天赋和激情。这样浓厚的热情将她们的人生引领到一个全新的方向，并传播到全世界。

The Queens of Buttercream一书曾开发了蕾丝设计、编制效果、调色刀作画以及裱花等方法，将奶油装饰提升到一个全新的高度。如今两位作者在欧洲、北美洲、亚洲、澳洲以及中东地区都有授课，她们孜孜不倦地将奶油知识传播到世界各地。为了将最好的奶油装饰知识传授给学生、读者和客户，她们在分享菜谱、技法、建议和诀窍的同时，也在不断创新。除了在世界各地的各种节目中亮相之外，她们还在之前的三本畅销书中展示了才能。这三本书是The Contemporary Buttercream Bible、Buttercream Flowers和Buttercream One-tier Wonders，这些书已被翻译成多种语言。

致 谢

当决定摆脱日常工作开始蛋糕之旅的那一天起，我们就制定了一个宏伟的蓝图，满心期待着这份热情能够帮助我们达成计划、实现梦想。但这不是一件容易的事情，正是因为有那些相信并支持我们的人，才让我们取得了今天的成就。

我们永远感激F+W媒体家庭的朋友们，是你们整个团队激励着我们做出杰出的作品。感谢阿梅·韦尔索，你总能给我们挑战，让我们做出一些超乎预想的设计。感谢杰尼·亨纳和安娜·韦德，你们让这本书的每一页都毫无瑕疵。感谢简·特罗洛普给我们的协作提供灵感。杰森·詹金斯，你是一个摇滚巨星！跟你们一起工作的日子总是很愉快，我们也一起拍了很多漂亮的照片。

致我们的国际蛋糕家族的朋友们，你们信任我们，也相信我们的能力，并支持我们的作品，对此我们永远满怀感激。

致我们在Wilton的朋友们，你们为我们提供了最好的产品，我们非常荣幸能够成为你们的成员。谢谢你们一如既往地支持我们的项目。

致我们的朋友们和全球的粉丝，谢谢你们对我们的信任，是你们让我们相信，与大家分享知识是我们人生中非常正确的事情。

感谢萨姆和胡希，你们的帮助是我们最大的福音，也谢谢道恩和黛比，谢谢你们启发并帮助我们。

致永远值得我们骄傲的菲律宾家人，我们爱你们！谢谢你们一直以来都作为我们最坚定的粉丝。在此，再次感谢你们。